Everaldo Gonçalves

O Fetiche do Ouro e A Pedra Milagrosa na Filosofia Caipira

Everaldo Gonçalves

O Fetiche do Ouro e A Pedra Milagrosa na Filosofia Caipira

1ª edição • 2022

Coletânea de Contos

Coordenação editorial:
Beatriz Sasse | LC Design & Editorial

Revisão:
Cristiane Fogaça

Capa e Diagramação:
Márcio Schalinski | LC Design & Editorial

Dados Internacionais de Catalogação na Publicação (CIP)
(Câmara Brasileira do Livro, SP, Brasil)

Gonçalves, Everaldo.
G635p O Fetiche do Ouro e A Pedra Milagrosa na Filosofia Caipira: coletânea de contos / Everaldo Gonçalves.
– São Paulo, SP: Ed. do Autor, 2022.
140 p. : 15 x 21 cm

ISBN 978-65-5872-368-4

1. Ficção brasileira. 2. Literatura brasileira – Contos. I. Título.
CDD B869.3

Elaborado por Maurício Amormino Júnior – CRB6/2422

E-mail:
everaldogoncalves@uol.com.br

In memoriam de minha
mãe Jandira e meu pai Narciso.

Para minhas filhas
Bárbara e Maria Luiza

Dedico este livro àqueles materialistas
que acreditam na ciência e no mundo
real, sem se preocupar com Deus,
que a mente humana cria
à nossa imagem, semelhança e
qualidades almejadas.

Apresentação

ESTE LIVRO REÚNE QUATRO CONTOS ESCRITOS AO longo dos últimos 50 anos, conforme o tempo e atividade deste autor geólogo de profissão, jornalista na distração e empresário por acaso.

Monteiro Lobato (1882-1948), cuja leitura na infância despertou minha vocação profissional, mas me deu muito mais, com sua visão crítica sem deus e o amor à Natureza, na qual se insere o Homem que pelo trabalho se fez e faz a transformação do Mundo.

É de Lobato o aforismo: *Um País se faz com homens e livros*.

O que um ser mortal pode deixar à posteridade que possa ser lembrado por mais de uma geração? Exceto o livro impresso, que está acabando, pouca coisa sobrevive de nossa alma mortal, por isso o ditado chinês que diz: "feliz aquele que plantou árvores, deixou filho e escreveu um livro".

Além deste livrinho, também plantei muitas árvores que deram bons frutos e tenho duas filhas queridas.

Ademais, já publiquei textos científicos críticos e de divulgação, e guardo um estoque de livros que tenho de divulgar para mostrar a minha versão da história: O Golpe em Carajás; A Saga e a Saga de Serra Pelada; Eike e a Questão do X; Geologia e Marxismo; Jazida Antropogênica, termo definido por mim, para aquelas jazidas geradas pelo Homem, que interfere tanto na Natureza que produz um novo ciclo mineral.

O desafio de escrever é imaginar que alguém vai ler e o autor possa passar mensagem que mexa com a cabeça do leitor.

Maior provocação à nossa língua é reproduzir a fala caipira na escrita, pois os linguistas sabem muito bem que todas as formas de comunicação oral mantêm gramática própria que se interconecta às demais e são motivo do desenvolvimento humano.

Foi gratificante recuperar minha infância ouvindo a fala caipira, na selaria de meu pai Narciso, que não era o tal, mas que, pela chegada do automóvel, perdeu a profissão artística de artesão feliz, que fazia cantando, sozinho, um arreio de montaria completo a partir de um couro de boi curtido. Chegou solteiro naquela cidadezinha no interior de São Paulo, Iracemápolis, sem médico e a salvação era a enfermeira dona Jandira, minha mãe, naquele distrito de Limeira, com única indústria de cana-de-açúcar, a Usina Iracema, berço do Grupo Ometto. No entorno as colônias de italianos engolindo as sílabas vogais iniciais das palavras e os quilombos com resquícios escravos de tribos africanas nas cantigas de bate-pau, além da mistura da fala dos povos originais que se perdeu no tempo e desapareceu das terras de Tatuibi - tatu pequeno -, antigo nome de Limeira/SP.

O garimpo surgiu nas grimpas, daí grimpeiros e garimpeiros, que se escondiam nas Serras de Diamantina/MG, por causa da extração clandestina nos leitos, margens e grupiaras da bacia do Rio Jequitinhonha, cuja atividade é precursora do extrativismo mineral, mas ultimamente, principalmente, na extração do ouro, em vez de se organizar contaminou a mineração organizada, além de provocar a poluição criminosa do mercúrio jogado nos rios da Amazônia, cuja contaminação jamais será remediada e deixa o garimpeiro maluco.

Morei cerca de dez anos em Diamantina (1976/1987), depois que abandonei o uso do relógio e o magistério na USP, para viver entre as serras do Espinhaço no campo rupestre, em cuja flora ímpar, minha amiga Nanuza Menezes, professora titular emérita da USP, por reconhecer meu apoio à pesquisa, na minha volta ao ensino na UFMG, me presenteou com o meu nome em nova espécie de planta - descoberta numa fazendinha que eu tinha na margem do asfalto da rodovia Curvelo-Diamantina - uma canela de ema, *Vellozia everaldoi*.

Aprendi muito no garimpo e ensinei, além dos alunos dos cursos de Geologia de todo Brasil, como diretor do Centro de Geologia Eschwege da UFMG, a exímios garimpeiros as regras básicas de mineração e os cuidados ambientais.

Ouvi muitas histórias e as badaladas dos sinos das igrejas barrocas de Diamantina, mas, infelizmente, o som fino dos sinos não se deve ao ouro fino que propalam que é o responsável pelo barulho ritmado tirado da liga do bronze que ecoa dos campanários. Cuidado com livro de ouro!

Ateu convicto, materialista de formação científica, convivo bem com os crentes, inclusive quando criança à revelia fui batizado e crismado. Por força de costume, me casei na Igreja Católica, batizei e crismei minhas duas filhas, Bárbara e Maria Luísa. Não me sinto salvo nem diminuído por estes atos sacros, tampouco livre do pecado original. Sigo o dito: "Faz o bem evita o mal", do filósofo Iluminista Emanuel Kant (1724-1804) e o materialismo de Ludwig Feuerbach (1804-1872) que deu os fundamentos a Karl Marx (1818-1883), que brilhante tirou a alma mortal do Homem e com ela deu vida à mercadoria, cujo fetiche nos domina pelo poder do ouro, que faz do pecador um santo e vice-versa.

Nestes textos há um pouco de minha experiência profissional e de vida, por boa parte do território nacional e alguns países, pois a Geologia entra pelos pés e daquilo que eu vi já posso contar.

É triste ver, na minha idade, 78 anos, que com tanta Ciência disponível e meios de comunicação global, particularmente no Brasil, temas bem resolvidos no Iluminismo (1715-1889), como a razão, liberdade, tolerância, fraternidade, progresso, governo constitucional e Estado laico, sejam colocados em dúvida pelo negacionismo até de tomar vacina ou colocar em dúvida o Heliocentrismo, de Nicolau Copérnico (1473-1543), consagrado por Galileu Galilei (1564-1642), mas com gente pensando como se a Terra fosse plana e o aquecimento global não existisse. Esperem para ver, pois quem viver, verá!

Ficarei feliz se algum leitor sentir o impacto de minhas palavras qual a pancada de meu martelo nas rochas que emitem sons característicos que as identificam e dadas nos locais certos clivam minerais e a fraturam, qual Friedrich Nietzsche (1844-1900) com sua fala dura queria abrir as cabeças das pessoas de mente embotada.

Boa leitura!

São Paulo, novembro de 2022.

O Conto do Vigário dos Sinos

> *O sino dá os comunicados gerais e religiosos às comunidades do lugar aonde está levantada a igreja católica, principalmente aquelas coloniais, cuja torre separa o adro profano da nave sacra e, assim, era proibido passar por baixo do campanário quem não fosse batizado, pois no templo não se admite pagão algum.*
>
> **Chica da Silva** (1732-1796) a negra alforriada, mulher do contratador de diamantes **João Fernandes de Oliveira** (1720-1779), construiu a **Igreja do Carmo** com a torre no fundo para que ela, Rainha do Arraial do Tijuco, pudesse entrar pela porta da frente sem quebrar o rito religioso.
>
> **Everaldo Gonçalves**.

A CONSAGRAÇÃO DO CONTO DO VIGÁRIO, COM SENTIDO de má-fé ou logro, perdeu sua origem no tempo e no templo, mas bem poderia estar neste conto que eu conto, sem aumentar um único ponto.

O golpe – no sentido de trapaça – implica na existência do ladino e do tolo, este nem sempre inocente, pois ambos querem levar vantagem no negócio fácil. O lucro fácil parece cegar o indivíduo que não percebe a farsa ao simples olhar de qualquer pessoa. Em nosso meio, o cotidiano está repleto de casos de tramoia que na lei são enquadrados como crime de estelionato marcando o malandro com a pecha de 171, que é o respectivo artigo do Código Penal[1].

Na literatura há muitos casos e poucas referências quanto ao primeiro conto do vigário.

O contista maior, Machado de Assis, deixou alguns contos de réis conforme declarou-se possuidor de doze apólices da dívida pública. Cada uma delas valia um conto de réis e venciam juros de 5% ao ano. Mais a biblioteca, uma casa e poucos bens, além da vasta produção intelectual, com mais de 200 contos literários, alguns deles com vigários que ultrapassam a liturgia da batina.

Antes, na história oral popular são narrados contos que dão aos vigários das paróquias de Minas Gerais o papel coadjuvante na receptação de ouro – não quintado pela coroa – sempre pago a menor aos escravos, por isso um conto do vigário, cujo lucro teria sido usado na construção de tanta igreja barroca.

Já em Ouro Preto, à boca pequena, os guias de turismo contam a história da imagem de Santa Maria existente na Igreja do Pilar, um presente de Portugal aos mineiros, e o primeiro conto do vigário, pois resulta da esperteza na disputa das paróquias do Pilar e Conceição. Na linha divisória das paróquias soltaram um burro com a santa amarrada na sela para Nossa Senhora escolher sua própria morada. Ora, sem milagre, o burro escolheu, sem errar o caminho, a

---

1. Código Penal – CP: Decreto Lei nº 2.848 de 07 de Dezembro de 1940. Art. 171 - Obter, para si ou para outrem, vantagem ilícita, em prejuízo alheio, induzindo ou mantendo alguém em erro, mediante artifício, ardil, ou qualquer outro meio fraudulento: Pena - reclusão, de um a cinco anos, e multa, de quinhentos mil réis a dez contos de réis.

própria paróquia do animal milagroso, pois era uma besta de estimação do vigário sortudo. Difícil de acreditar que numa comunidade pequena ninguém soubesse o dono do muar.

Bem depois, em 1926, Fernando Pessoa[2] deu outra versão no seu O *Conto do Vigário*, no qual a origem estaria no sobrenome do autor da façanha: "Vivia há já não poucos anos, algures, num concelho do Ribatejo, um pequeno lavrador, e negociante de gado, chamado Manuel Peres Vigário". O comerciante que passou adiante pelo dobro do que pagou por um conto de réis em notas falsas de 100, quitando uma dívida de compra de gado, com recibo assinado na mesa de taverna regada a vinho que afirmava que as notas falsas eram de 50. Na prova do crime as notas não conferiam com as declaradas no recibo e assim o Vigário teria entrado na história, sem nada a ver com o vigário de paróquia.

Em nome de Deus, muita coisa malfeita tem sido feita, por falsos emissários e fiéis, dominados por outro, o demiurgo, real e verdadeiro, o ouro. O todo-poderoso que faz do pecador contumaz um santo. O ouro vira de imediato o maior safado num honesto. Um desclassificado dele forrado, tal qual aquele nascido em berço de ouro transforma-se em nobre, com acesso a tudo e a todos. Basta a fama de possuir ouro para que um iletrado seja visto como um iluminado com aura, glória maior que a da borla e o capelo das Academias.

O ouro compra até o amor verdadeiro, tanto da rapariga, como da mais pura dama, quando não abre corações ou as

---

2. PESSOA, Fernando (1888/1935). O Conto Do Vigário. Prefácio de Antonio Bagão Felix. Centro Atlântico. /PT. 2011. Este conto foi publicado pela primeira vez no diário Sol, Lisboa, ano I, nº 1, de 30/10/1926, com o título de "Um Grande Português". Depois foi publicado no Notícias Ilustrado, 2ª série, Lisboa, 18/08/1929, com o título de "A Origem do Conto do Vigário".

portas do reino do Céu. Sem ele – incrível – o melhor Homem não vale nada. Este metal amarelo, cujo poder que seu brilho irradia é a alma, que Marx[3] – com muita falta dele escreveu "O Capital" – tirou a alma mortal do ser humano e com ela deu vida à mercadoria que exposta na vitrine nos olha sedutora nos chamando para ser comprada.

Feliz é o ser humano quem nunca tenha sofrido a febre do ouro, na posse ou na falta dele. A vida é balizada pelo som do ouro que serve de tudo.

A respeito do fetiche do ouro, que desvia os princípios morais da Humanidade, aqui entre nós, desde o Período Colonial, nos sinos os fiéis é que passaram batidos, quando da construção das igrejas. O que se arrecadou de ouro, para dar bom som com o vil metal nos sinos, na comunicação com os vivos, com seus piques e repiques, sumiu, como na paráfrase do sábio: de repente tudo que é sólido desmancha no ar!

O conto é uma forma peculiar de narrar um fato concreto ou ficção. Vai além da crônica e fica aquém do romance. Então, vale a pena narrar o instigante caso do ouro contido nos sinos sacramentado na forma de conto, entre tantos atribuídos aos religiosos, ainda que sem a participação dos mesmos, pois faz jus ao nome devido à boa fé do vigário e à malandragem do nosso meio desde a chegada dos religiosos.

Este conto diz respeito ao ouro dos sinos de nossas belíssimas Igrejas Barrocas. E, se cada Igreja possui história própria, quanto à irmandade, ordem protetora e relação de fiéis, exibe a construção que envolve os

---

3. MARX, Karl (1818-1883): O Capital, Crítica da Economia Política. Civilização Brasileira, 20ª Edição, 2005. Autor deste e inúmeros textos materialistas que mostra o fetiche da mercadoria e o poder ilusionista do ouro.

projetos arquitetônicos, além da edificação em si e os custos da obra tombada, não podemos esquecer-nos dos milagres. Estes se ocorrem de fato, só se manifestam após o término do templo, que dura o tempo necessário para que as oferendas se justifiquem, já que as doações secam com a obra concluída. Para sustentá-las, sempre se soube das coletas de dinheiro ou de ouro entre os fiéis – os tais "Livros de Ouro" – para a compra do próprio metal amarelo. A História é repleta de contos e "Livros de Ouro" para levantar belos e sonoros sinos nas igrejas do Brasil.

Meu falecido amigo José Joviano de Aguiar, "Zé de Lota", eis que filho de Dona Lota, de memória invejável, cartorário aposentado, que, aliás, não era de contar lorota, disse-me um dia, convicto a respeito: no sino mestre da Catedral de Diamantina – nos termos do livro de ouro próprio para tal anotação – misturaram uma arroba de ouro – 15 quilos.

Certas ordens religiosas – agora já se sabe – fizeram uma desordem terrena, conseguindo uma revolução dialética. Na luta dos contrários, em vez de transformar chumbo, cobre e estanho em ouro, tal qual o verdadeiro milagre da Pedra Filosofal, fez-se o ouro dos fiéis transformar-se numa ordinária, mas sonora, liga de bronze, com traços de zinco e neres de neres de ouro.

Em Diamantina (MG), que os mineiros consideram cidade-irmã de Delphos, na Grécia, ambas o umbigo do Universo – onde tudo acontece e repercute no mundo –, realizou-se o trabalho de pesquisa: A Linguagem dos Sinos, da professora Mônica Guieiro Alkimin[4], muito interessante, sobre a memória dos sinos das Igrejas, daquela minha

---

4. ALKIMIN, Mônica Guieiro, A Linguagem dos Sinos (1993:37-51), publicado no vol. nº. 2, da Faculdade de Filosofia e Letras de Diamantina/MG.

querida bela cidadezinha na qual vivi bons anos e ouvi concertos e histórias de consertos de sinos.

No trabalho, os sinos de outrora anunciavam o dia a dia da comunidade e eram sagrados. Por isso, debaixo deles, pagão nenhum passava. Inclusive, impediam que, nas Igrejas de torre única, de uma porta só, os negros, sem batismo, entrassem pelo adro para chegar à nave. Os seres "impuros" entravam pelos fundos.

Não foi outro motivo que levou Chica da Silva, a célebre escrava do contratador de diamantes João Fernandes de Oliveira[5], que era da mais seleta Irmandade dos brancos, a Ordem Terceira do Carmo, ao construir a Igreja, por ordem e graça da amante, mudou a torre para o fundo da sacristia. Assim, sem o divisor do adro e a nave, ela, a escrava, verdadeiro diamante negro do nababo, imortalizada no enredo de carnaval, no cinema e na música popular brasileira, podia se acomodar, com suas mucamas, no banco do gargarejo. Lá, de boca aberta, recebia a hóstia e ouvia as pregações em latim, a língua clássica que, se não era entendida pelos fiéis, era acompanhada por outra de bom som, que está sumindo atualmente: a linguagem sonora dos sinos.

Um código já quase esquecido, conforme constatou a Professora Mônica. Os sinos eram o meio de comunicação local, avisavam as missas da alvorada e da aurora, as novenas do anoitecer e os mais diversos fatos acontecidos

---

5. O diamante descoberto no Brasil, em 1714, na atual Diamantina/MG só foi reconhecido pela Coroa em 1732 e a partir de 1740 até 1770 foi de exclusivo aproveitamento de contrato arrematado em leilão por prazo determinado e uso máximo de 600 escravos. O mais famoso contratador foi o brasileiro filho do português de mesmo nome João Fernandes de Oliveira que arrematou o primeiro contrato e depois o filho seria o contratador de 1753 até 1770.

ou por acontecer, como autêntica voz do Divino.

O toque simples de um pique, ou, com repiques, trinados, o rebimbar e badaladas fortes, agudas ou graves têm um significado e até mesmo as marteladas certas, que anunciam as horas e os quarto de horas. Outras, ainda, são os avisos de nascimento, bodas, missa, procissão, chegada de autoridades e até clemências e emergências, o código que todos entendiam.

Nem é bom lembrar o som do dobrado de Finado: cada pancada lenta e compassada, anuncia, de forma melancólica, que lá se foi mais um. Três badaladas: um homem já era; duas, uma mulher passa para o Além; e, se batido repicado, como um choro, o mundo perde um menino, se fosse grave, ou som mais agudo, uma menina é que parte.

A tão sonhada igualdade chega bem depois da morte, visto que pela tradição local o anúncio sonoro do óbito de pobre era comunicado com pouco alarde dos sinos, pois dobravam só os sinos pequenos e médios, mas na boca do diamantinense saia o refrão "Tem nada não. Tem nada não!". Já no falecimento de rico os sinos dobravam a vontade igual à comida servida aos que passavam a noite guardando o defunto ouvindo as ladainhas das rezadeiras e o contínuo choro das carpideiras.

Quando morre um padre, bate-se cinco vezes; se for bispo, sete; e dez na vez do Papa, o que impunha o silêncio quebrado no ribombar antes do *Te Deum*, na anunciação do novo papado.

No dia a dia quando os sinos anunciavam os quartos de hora com três badaladas dos sinos médios, seis na meia hora e doze na hora cheia e mais doze solenes às seis da manhã e da tarde, com 456 batidas diárias que acostumam os ouvidos cristãos, mas podem causar mal-estar nos profanos, pois no auge do barulho o ruído nos arredores do templo chega, conforme o sopro do vento, a 56 decibéis, quando a ABNT[6] admite apenas até 45.

As Igrejas próximas umas das outras compõem uma verdadeira sinfonia. O repicar dos sinos começava e terminava na Catedral da Sé. Dela passavam pelos agudos da Igreja do Rosário, que é da Irmandade dos Negros, como se fossem seus gemidos. Depois, seguiam pela Irmandade da Ordem Terceira do Carmo, com o batido refinado de sua casta. Daí seguia, como se pela capistrana[7], ao som fino da Igreja do Bom Fim, nos fundos. Prosseguia como num hino dobrado, na esquina de baixo, da Igreja do Amparo, a do Divino, subindo o tom mesclado, na meia encosta da cidade, tocado na Igreja das Mercês, de mestiços, pardos e mulatos. A seguir, chegavam ao alto no Convento da Igreja de Pedra. Circula-se pela Igreja da Caridade, chegando-se bem definido na Igreja da Irmandade Branca de São Francisco, e termina-se no carrilhão da Nova Sé. Bem em frente ao Beco do Mota. Antiga zona de meretrício, cuja letra da música de Fernando Brant e Milton Nascimento, na voz deste, ficou consagrada, mas poucos sabem que enganou a censura da ditadura na canção que enaltece os homens e mulheres da noite extrapolando que Diamantina é o Beco do Mota, assim como Minas e o Brasil, uma zona, com procissão

---

6. ABNT – Associação Brasileira de Normas Técnicas

7. Capistrana é o nome do pavimento das ruas com placas de rocha, popularmente chamadas de pedra, em geral com duas faixas paralelas para facilitar o tráfego das pessoas, animais e veículos animais e motorizados. No passado, nas cidades do interior e das capitais, em certas praças ou ruas, era comum o passeio a pé ou *footing* de pessoas nas capistranas.

deserta pelo fechamento do beco, aonde fiéis passavam antes ou depois da missa, para chegar ao nirvana, ao som dos sinos e dos batidos de coração amoroso.

Quanto às origens dos sinos, segundo minha amiga Mônica – vejam que achado! – eles vinham de além-mar, ou eram feitos aqui mesmo, nas Minas Gerais, em Pitangui e na Fundição Boa Esperança, em Itabirito, inclusive em Diamantina, fundido nas oficinas da Fábrica do Biribiri. Eram sempre encomendados antes do início das construções das Igrejas e, nas paróquias, de modo solene, eram abertas listas (algumas ainda estão guardadas) e feitas festas para arrecadar os fundos dos sinos e fabricá-los sem fundos.

Como num passe de mágica, como um verdadeiro conto, da própria Pedra Anti-filosofal, o ouro transformou-se em estanho, cobre e chumbo, como ficou comprovado em análises químicas de amostras das autênticas ligas dos sinos das Igrejas das mais diversas e legítimas ligas católicas de Mariana, Ouro Preto, São João Del Rey e da região de Diamantina, entre tantas.

Na Escola de Minas de Ouro Preto, o paciente Professor José Emanoel Gomes, frente à demanda por reformas de sinos – não dos costumes da Igreja – desenvolveu outra liga que dava boa solda na recuperação das trincas dos sinos. Para saber da mistura e orientar seu trabalho, o Professor, que não era crente nesse ouro, coletou uma amostra de cada sino para saber seu título e vasculhou a história de cada um deles. Verificou que constavam, em alto relevo, quando muito a data e nome do fabricante, e, raras vezes, por ordem de qual Ordem Religiosa e a Igreja.

Em seus arquivos, o mestre, em sua sina, descobriu um santo milagre: sempre que achava a referência de ouro no sino, do qual, em cuidadosas análises, achou apenas traços, que traça alguma comeu. A boa liga do bronze recomenda 80% de cobre e 20% de estanho. Em média, o Professor, como comunicou oralmente à autora do trabalho acadêmico, encontrou 78,15% de cobre, 18,95% de estanho, 0,33% de chumbo, 0,70% de zinco, 0,60% de antimônio, traços de ferros e nenhum sinal de ouro.

Neste caso, se haviam usado ouro de fato, foi milagre mesmo, pois, conforme foi atestado e comprovado em análises químicas de laboratório idôneo, o ouro desapareceu, ou, então, transformou-se nos dois elementos metálicos da liga de bronze e nos que o contaminam. Caso contrário, talvez nunca tenham usado o ouro recebido e assim o tilintar das moedas não foi incorporado aos sinos, que não devem a ele o som do tinido que emitem. O grave, no caso do som, varia em relação ao cobre na liga que aumenta, com ele, o agudo. Faz sentido. Ainda bem que os sinos apenas badalam, mas não falam, apesar de terem deixado um rastro, nos traços do *antimonge* ou antimônio, que pode ser a pegada.

Destino igual teve, mais tarde, em vez de campânula, a "Campanha do Ouro Para o Bem do Brasil". Pelo País afora, espertos andaram em nome de Deus, da Família e da Revolução de 64, coletando doações em ouro nas praças públicas. Tudo para salvá-lo do perigo vermelho, mas tomados pela febre amarela, do ouro. Quando uma santa aliança levou tanta aliança de ouro e em troca deu uma de ferro, senão as algemas. Nunca se soube, igualmente, do destino deste e daquele ouro.

É certa que a usurpação do nosso subsolo, em um século de exploração (1700/1799), serviu para dar suporte à moeda legítima do capitalismo, a libra esterlina.

Com ele, nosso capital da acumulação primitiva, pelo aproveitamento da riqueza pronta da Natureza, é que se fez o capital inicial, a moeda forte, para fazer mais capital. É que no "tempo da onça"[8] levaram do Brasil mil toneladas de ouro, mais da metade do metal amarelo que, até então, fora produzido no mundo. O valor passou a ser essa medida, o "padrão-ouro" controlado pelo Banco da Inglaterra, adotado a partir de 1798 e imposto ao mundo em 1823, ao convertê-lo em papel-moeda. Como é sabido, foi esse ouro que deu suporte de capital para o início da Revolução Industrial do Século XIX. A partir de 1879, o ouro, como um demiurgo, vigorou plenamente como moeda forte internacional, até a I Guerra Mundial, sendo suspenso em 1913. Voltou a valer de 1918 até 1939, no início da II Guerra Mundial. Ao final do conflito, em 1944, em Bretton Woods, caiu o padrão-ouro mercadoria, uma nova ordem financeira mundial foi criada com paridade simbólica do dólar americano que poderia ser convertido na proporção de US$ 35,00 por onça *troy* que vigorou até 1972.

Daí em diante, o dólar americano de papel, como num passe de mágica, passou a ser a moeda padrão internacional, sem mais referência e possibilidade de conversão paritária com o metal ouro. Caiu o padrão ouro, mas é o ouro de fato que serve para balizar o comércio mundial, como a mercadoria que contém em si o máximo valor de trabalho incorporado por unidade de peso, além

---

8. A onça ou once troy (oz) é medida antiga de peso antes da adoção do sistema métrico e equivale a 31,1 gramas. Era de uso corrente no Brasil antigo e ainda adotado no mercado do metal. É fator referencial de pessoa de costume conservador e taxadas como "do tempo da onça", ou seja, da medida onça, mas muitos confundem achando que era do tempo que havia onça ou do "amigo da onça" do chargista Péricles Maranhão

de maior liquidez e poder de troca. A cada crise cíclica do capital, a economia se protege estocando ouro. Hoje, como no tempo da onça, vale repicar os sinos das Igrejas, anunciando que o preço do ouro bateu seu pico na História, ultrapassando, em 2017, a cotação de U$ 1.263,00 a onça e no mercado vendido não se sabe onde e quando vai parar de subir. Depois de um período em queda, a crise mundial em curso provocou novamente a elevação do preço do ouro e já ultrapassa o pico anterior, batendo US$ 1.280,00/oz, em março de 2016 e alcançou, em novembro de 2022, o valor de US$ 1.676,93/oz, equivalente a R$ 277,78 a grama. Por conta da crise econômica mundial e das guerras em curso há previsão de logo o metal ultrapassar a barreira de dois mil dólares a onça. O maior custo de extração de ouro está na geração de descartes, pois o teor econômico é da ordem de 0,4 gramas por tonelada de ouro no minério, com problemas ambientais seríssimos. O custo operacional é mais elevado nas minas subterrâneas, mas com valor ao redor de US$ 350/oz, a margem de lucro é excepcional. Este preço estimula o garimpo, uma vez no trabalho braçal um garimpeiro consegue escavar e apurar, conforme a frente de serviço, uma tonelada de terra mineralizada e obter no final da tarefa meia grama de ouro, ou seja R$ 140,00 por dia.

A crise é séria. Alvíssaras! Nessa corrida, novamente, as ocorrências de ouro conhecidas no Brasil vão ser retomadas, pois há analistas prevendo que desta vez possa chegar às alturas subindo até US$ 8.000/oz.

---

9. Santo do Pau Oco era usado para contrabandear diamante e ouro no tempo do Brasil colonial, por meio de esconder a fortuna na cavidade da imagem sacra. As pessoas de caráter duvidoso e que se passam por pessoas de bem ganham o apelido de Santo do Pau Oco.

O Brasil ficou sem seu ouro, as Igrejas com seus "sinos de ouro", mas guarda na memória tanto Santo do Pau Oco[9]. Porém é a pirita – o sulfeto de ferro, aqueles cristais encontrados na natureza em forma de cubos amarelinhos, semelhantes ao ouro, – que engana os olhos e o bolso dos desavisados que é chamada de "ouro de tolo". Há muitas ocorrências de ouro em nosso território que podem virar minas. Em Serra Pelada, no Pará, qual um maná, em menos de 10 anos, 100 mil almas penadas tiraram, na raça, de uma única cava, 100 toneladas de ouro. As pesquisas minerais, por sondagem profunda, indicam um potencial muito grande da reserva, que poder ser de milhares de toneladas. Na região de Diamantina, se acabou o diamante de rio, sobrou nas massas – os conglomerados – e muito ouro espalhado em diversos tipos de rocha. Estamos no período de nova corrida de ouro e quem sabe bater os sinos anunciando novo bamburro!

Confesso isso aos acordados com as badaladas deste conto, na firme convicção de que elas possam abrir os ouvidos moucos e desembotar as cabeças feitas pelas bênçãos dos sinos, na esperança de que este não seja nosso triste destino. Acorda Brasil! Um berço esplêndido embalado por sinos, mas sem sinal da sina do ouro.

Garimpeiro maluco!

> *"Se você não sabe para onde ir, qualquer caminho serve".*
>
> **Lewis Carol** (1832-1892) - Alice no País das Maravilhas
>
> *"Ouro, amarelo, fulgurante, ouro precioso!*
> *(...) Metal execrável,*
> *És da humanidade a vil prostituta".*
>
> **William Shakespeare** (1564-1616), Timon de Atenas (1606).

GARIMPEIRO VEM DE *GRIMPEIRO* DAQUELE QUE VIVIA escondido nas grimpas da Serra do Espinhaço, no Distrito Diamantino, pela prática da extração ilegal de diamante, a pedra mais preciosa na época do monopólio real no Brasil Colonial (1500-1822) e Imperial (1822-89). Era aquele minerador escoteiro dono do fruto de seu trabalho, malgrado a lei pudesse considerar usurpação do subsolo, que antes era do rei e passou a ser da União, que dava prioridade de o minério ser aproveitado pelo proprietário do solo e agora o regime de aproveitamento do subsolo é de *res nullius* – terra sem dono ou de ninguém –, ou seja, do primeiro requerente habilitado em área disponível, exceto petróleo, urânio e alguns minerais de emprego na construção civil e agricultura. A Constituição garante ao minerador o produto da lavra e ao superficiário cabe metade da CFEM – Compensação Financeira pela Exploração de Recursos Minerais e indenização por perdas e danos no solo. No antigo Código de Minas, outorgado em 1937, no primeiro governo ditatorial (1934-1947) de Getúlio Vargas (1882-1954) foi criado e preservado o Regime de Matrícula de garimpeiro, com o reconhecimento da profissão. Que seria mantido pelo liberal de 1946, de Eurico Dutra e os demais e até mesmo, tal prerrogativa foi mantida no Código de Mineração, editado pela ditadura militar pelo Decreto-Lei 227/1967 e seu Regulamento, pelo Decreto 62.924/1968, que definiu no Art. 108: *Ao trabalhador que extraia substâncias minerais úteis, por processo rudimentar e individual de mineração, garimpagem, faiscação ou cata, denominar-se-á, genericamente, garimpeiro*.

Porém, pela Lei 7.805/1989, tal atividade ficou restrita à cooperativa garimpeira. Em complemento, ignorando a história das mudanças radicais na política nacional, que sempre ocorreram em governos fortes, no Governo Dilma Rousseff (2011-2016), no segundo, foi anunciado o Novo Marco Regulatório da Mineração, pela PL 5.807/2013, que enviada ao Congresso, sem articulação, gorou e paralisou a mineração. Já o curto Governo Michel Temer (2016-2019) transformou aquele "projeto" em três medidas provisórias, das quais duas foram aprovadas, sobre o royalty e estrutura burocrática do setor mineral, pela criação da ANM--Agência Nacional de Mineração. A principal mudança de novo Código de Mineração, MP 790/2017, vigorou por cerca de 120 dias e caiu por decurso de prazo, uma vez que não foi aprovada em tempo hábil.

Sem ter conseguido mudar o "Código da Revolução",

rara boa herança deixada pela ditadura, o governo Michel Temer, em vez de resolver a séria questão mineral, com nova lei do parlamento, fez novo Regulamento do "Velho Código" re-regulamentado pelo Decreto 9.406/2018. Não resolveu o problema. Entre tantos itens inadequados à mineração organizada, sem poder há artigos que superaram a lei igual este que diz no Art. 11:

Considera-se lavra garimpeira o aproveitamento imediato de substância mineral garimpável, compreendido o material inconsolidado, exclusivamente nas formas aluvionar e coluvial, que, por sua natureza, seu limite espacial, sua localização e sua utilização econômica, possa se lavrado, independentemente de trabalhos prévios de pesquisa, segundo critérios estabelecidos pela ANM.

Logo, não bastasse o risco inerente da mineração, veio a insegurança jurídica na mineração, particularmente pelo estímulo da desordem com o crescimento da garimpagem, atualmente, 2018-2022, toda ela irregular, que ocupa cerca de dois milhões de garimpeiros, na prática "clandestina" da atividade de forma contínua ou sazonal. As cooperativas lavram tanto material garimpável inconsolidado como consolidado, aquele duro e de difícil extração. É certo que a maioria está irregular e ninguém sabe como vai resolver a questão. O Governo Bolsonaro foi um incentivador do garimpo.

O garimpeiro é um tipo característico, pouco estudado, que teve importância na formação econômica histórica e contemporânea do Brasil, pelo Ciclo do Ouro e do Diamante, pelas corridas de pedras preciosas, em quase todo território, e do ouro na Amazônia. O garimpeiro, no íntimo, é um homem livre, um anarquista original no seu mundo sem lei. Considera que é seu o ouro – mercadoria com elevado valor de troca pela máxima concentração de trabalho morto de um vivo por unidade de peso –, assim como as pedras preciosas, uma vez que são da natureza sem dono.

A febre do ouro é real, por isso ao estudar garimpos, na longa vida profissional, tenho visto que ela pode deixar o garimpeiro maluco. A busca da fortuna fácil, pela apropriação da acumulação primitiva de capital, com a liberdade financeira e a abolição do patrão forma uma legião de indivíduos esquisitos, seja pelo trabalho que ninguém consegue, ou pela fé cega no garimpo. O problema não é a febre do ouro provocada pelo fetiche do metal amarelo, piorada pela febre terçã ou da malária, mas aquelas sequelas neurológicas dos transtornos mentais. Inclusive provoca graves distúrbios psicóticos e casos de loucura.

A causa real da loucura do garimpeiro, ou não, pode ser provocada pelo metal mercúrio, naqueles indivíduos que em vão se vão em busca do deus amarelo, cujo enigma da alienação não é o demiurgo ouro em si, mas sua liga sólida, cujo espírito sublima no céu e volta a terra causando mal.

O mercúrio é um metal pesado, com densidade 13,6 g/cm^3, único mineral metálico que ocorre no estado líquido na natureza e que ao fogo sublima, qual um milagre, vira fumaça; e, com metais nobres forma uma liga conhecida como amálgama.

É bem conhecida a fábula do Anhanguera, Diabo Velho, que soube o segredo das minas de ouro dos índios em troca de não botar fogo nos rios tal qual fez com a aguardente queimada na cuia. Três séculos depois, qual Fênix, ela ressurgiu no jovem Diabo Loiro, um garimpeiro maluco, que trocou a grã-finagem da Europa pela vida dura da selva amazônica, cuja malária rebatia mascando dente de alho depois de uma talagada de cachaça. De faro fino, sentiu o cheiro do ouro em pó. No despacho, jogou na bateia de ferro uma bela pepita de ouro no meio de mercúrio líquido que levada ao fogo virou fumaça. O Pajé desmoralizado mostrou as minas de ouro protegidas pela Mãe D´água e o Curupira, mas jogou um feitiço. O novo Midas – o homem mais rico do mundo, pois tudo que punha a mão virava ouro –, enquanto não limpasse o azougue lançado no ambiente tudo com nome indígena iria gorar. Eikeguera, mercurial, sem a força da cabeleira ficou sujeito às barras que dão cadeia: barra de saia, córrego e ouro. Então não deram certos os Portos de Biguá/SC, Peruíbe/SP e Açu/RJ, assim como os Poços Petróleo na bacia costeira dos Campos dos Goytacazes/RJ, a mineração de ferro em Minas Gerais, na Serra do Itapanhoacanga e do Itatiaiuçu, bem como a logomarca do Sol Inca, cujos raios giravam ao contrário da sorte.

O fato é que o mercúrio é uma substância venenosa aos humanos que se contaminam pela pele, cujos poros podem ser penetrados por substância liquida; pelos alvéolos pulmonares que recebem o gás; e, principalmente, pela ingestão de alimentos da cadeia vegetal e animal que contenham sais de metilmercúrio. No mundo há uma campanha de mercúrio zero, por isso foi abolida prótese bucal com amálgama e o uso de termômetro de mercúrio, mas nas lâmpadas do metal ainda não foi possível a eliminação, assim como nos diafragmas da indústria de soda.

Na mineração, a concentração gravimétrica do ouro historicamente usa o processo de amalgamação, com recuperação do vapor de mercúrio em retorta. No garimpo sempre foi comum queimar na bateia de ferro ao ar livre a liga, com sério problema de contaminação ambiental, pois a fumaça volta ao solo em líquido que vai sendo carreado aos rios e o metal sendo atacado pelos ácidos e se transformando em sais que ingressam no sistema vivo. Na amalgamação usa-se até o dobro de ouro recuperado e na Amazônia, desde os anos 1960, com as corridas de ouro da Rondônia, do Tapajós, do Amapá, Roraima e de Serra Pelada, que se estima que tenham sido produzidas mais de 1.000 t. nos garimpos. Então, é possível que de 500 a 2.000 t. de mercúrio tenham sido dispersas na região que se considera o pulmão da humanidade e maior bacia hídrica da Natureza. Não há como recuperar ou fazer a remediação das áreas contaminadas por mercúrio. O uso do mercúrio está proibido, mas não há certeza do cumprimento e tampouco qual a situação real do passivo ambiental. No final o valor do ouro obtido pode não justificar os danos deixados. Entre tantos problemas da nação este é um sério!

O garimpo é um mundo curioso da sociedade, com código não escrito no qual vale a palavra e a lei do cão, sem espaço para o movimento feminista. É um reduto machista, ainda que Santa Bárbara seja a protetora da mineração, pois em mina subterrânea nem saia de padre entra para evitar desabamento. Porém ninguém duvida de que o ouro beneficiado pela mão calejada do homem na bateia logo desaparece sem deixar pó, pois no verso do trovador Levi Santos, de Diamantina, quatro coisas nesta vida atrapalham o garimpeiro: *primeiro mulher bonita, cachaça, jogo e dinheiro*. Não há foco de garimpo em que logo não surja nas cercanias um prostíbulo no qual o valor do prazer é medido em cápsula vazia de bala de revolver de calibre .38, no tamanho curto, médio e longo, cheia até a boca de ouro em pó. No caos de um grande garimpo, o único caso de mínima disciplina há o bom e mau exemplo de Serra Pelada sob o comando do Coronel Curió, que recebeu a tarefa como prêmio por acabar, de qualquer modo, com a Guerrilha do Araguaia (1972/75). Na alvorada era reunido o grupo, na boca da cava do garimpo, para cantar o Hino Nacional e hastear a Bandeira. Não era permitido o ingresso de bebida alcoólica, mulher ou gay, além de exigir a carteira amarela de garimpeiro que só podia vender o ouro para a CEF – Caixa Econômica Federal. É outra história.

Em Serra Pelada, durante 12 anos (1980/92), 100 mil garimpeiros extraíram, em um único buraco, 100 mil quilos de ouro, o que daria uma média de um quilo para cada um. Porém, o *bamburro* - a sorte grande - foi dos atravessadores que exploram o garimpeiro e de 1%, ou 1.000 felizardos, dos quais apenas 100 enricaram. Os "garimpeiros" deixaram um rastro de maldades, inclusive um passivo ambiental terrível: metade do ouro encontrado, ou quatro vezes a quantidade produzida, de mercúrio metálico, jogado no ar, no solo, na drenagem e no bota-fora, a *montoeira*. Uma jazida antropogênica de ouro com reserva da ordem de 2,1 milhões de toneladas de descarte contendo 0,6 g/t. ou 1.260 kg de ouro.

O ouro não acabou, pois, conforme pesquisa geológica, ainda há, no mínimo, 61t. na jazida do garimpo. O direito legal da permissão de lavra é confuso, e disputado por duas cooperativas de garimpeiros, com vícios na emissão da lavra garimpeira e no CNPJ. Há também um crédito da ordem de R$ 350 milhões junto à Caixa, que não pagou o paládio e a platina contidos no ouro comprado.

A produção de ouro do Brasil é estimada em 1.500 t. no chamado Ciclo do Ouro, desde a descoberta em Minas Gerais, no final do século XVIII, com outro tanto de ouro na República. Nos últimos anos tem crescido a nossa produção oficial, segundo informação da ANM, foi de 83 t., em 2018, 16,2% de garimpo; 86 t. em 2019, 16,6% de garimpo; 96 t., em 2020, 23,1% de garimpo; e 93 t., em 2021, 27,2% de garimpo. Com aumento da garimpagem, cerca de 25% da produção é oriunda de garimpo[1], cuja produção clandestina é estimada em igual quantidade. O potencial de ouro no

Brasil é considerado bom pelo nosso arcabouço geológico favorável e no mundo as jazidas de ouro estão minguando, com produção atual da ordem de duas mil t./ano. As crises valorizam o metal que perdeu o papel de moeda, desde o acordo de Breton Woods, em 1945, uma vez que foi substituída por papel pintado sem lastro e agora, inclusive, está na moda a digital, mas o preço do ouro que ficou fixado

---

1. Fonte: ANM- Agência Nacional de Mineração

Tabela 01: Produção de Ouro no Brasil - 2000 a 2021

PRODUÇÃO BRASILEIRA DE OURO 2000 - 2021

ANO	Prod. Ind.	Prod. Garimpo	Total (kg)	% Prod. Ind.	% Garimpo
2000	42.025	8.368	50.393	83,39	16,61
2001	46.001	5.866	51.867	88,69	11,31
2002	32.912	8.750	41.662	79,00	21,00
2003	26.066	14.350	40.416	64,49	35,51
2004	28.508	19.088	47.596	59,90	40,10
2005	32.803	8.351	41.154	79,71	20,29
2006	37.903	5.175	43.078	87,99	12,01
2007	44,443	5.170	49.613	89,58	10,42
2008	46.065	8.600	54.665	84,27	15,73
2009	52.984	8.123	61.107	86,71	13,29
2010	55.112	6.455	61.567	89,52	10,48
2011	56.969	8.240	65.209	87,36	12,64
2012	56.670	10.103	66.773	84,87	15,13
2013	67.879	11.609	79.488	85,40	14,60
2014	70.810	9.909	80.719	87,72	12,28
2015	69.497	13.416	82.913	83,82	16,18
2016	70.295	23.625	93.920	74,85	25,15
2017	66.442	13.617	80.059	82,99	17,01
2018	69.648	13.422	83.070	83,84	16,16
2019	72.201	14.396	86.597	83,38	16,62
2020	74.457	22.392	96.849	76,88	23,12
2021(p)	68.308	25.508	93.816	72,81	27,19
Total	1.187.998	264.533	1.452.531	(p) - provisório	

Fonte: DNPM/ANM

por muito tempo em 35 dólares a onça troy – 31,1 g, em meados de 2018, estava em US$ 1.200/oz, e em novembro de 2022, US$ 1.676,93, equivalente a R$ 277,78 a grama, com previsão de ultrapassar a barreira de dois mil dólares a onça. Por isso, as grandes economias estão se lastreando em ouro confiando que o metal vai voltar a garantir a moeda real, mas não a nossa volúvel.

O extrativismo mineral representa atualmente cerca de 4,5% do PIB do Brasil, já foi de 6% e poderia ser muito maior, não fosse a burocracia que leva mais de seis anos, até vinte, quando não 40 anos, para autorizar a operação de uma ou duas minas de cada 1.000 indícios minerais, dos quais 500 são requeridos e metade descartado, com apenas 200 áreas estudadas. É a nossa cultura da aparência e não a essência resumida na frase do Hino Nacional: *deitado eternamente em berço esplendido*! A riqueza mineral brasileira, o ouro da nossa bandeira, não trouxe os benefícios esperados.

Quanto ao mercúrio, visitando o Museu do Chapéu, em Lisboa, pude entender o prejuízo que esse metal pôde causar, na forma combinada em sais coloridos e antifúngicos, nas vidas dos chapeleiros (http://museudachapelaria.blogspot.pt/p/missao_05.html).

Na tintura dos pelos de coelho e da lã de carneiro, usava-se um composto de mercúrio para conservar, tingir e armar o chapéu de feltro, lã ou pelo, até os anos 1950. A mistura escura tingia o dedo dos funcionários - que eram, principalmente, meninos -, formando uma seção chamada de "unhas pretas". Não há dados estatísticos a respeito deles, mas se sabe que, nas fábricas de chapéus, os trabalhadores da tinturaria apresentavam elevado índice de loucura na velhice.

Causava repulsa ficar muito tempo na "seção dos doidos", então muitos dos trabalhadores preferiam a seção dos "dedos mágicos", pois com eles e o aquecimento a vapor ou ferro em brasa, moldavam as abas e as copas dos chapéus.

Olhar para a vida dos chapeleiros nos faz lembrar de Lewis Carol (1832-1898), autor do clássico "Alice no País das Maravilhas", publicado em Londres, 1865[2]. Mesmo que haja inúmeras interpretações e análises desse livro, podemos afirmar que, à primeira vista, trata-se de um conto infantil que narra as histórias de uma menina. Escrito em forma de ficção, parte do *nonsense* vivido na Inglaterra, no período vitoriano. Nas entrelinhas, há um profundo apelo filosófico e crítico à sociedade da época. Em linguagem ingênua, o autor apresenta a personagem do "Chapeleiro Maluco", que ficou famoso em 2010 pela atuação de Johnny Depp na versão cinematográfica da obra, dirigida por Tim Burton.

O aforismo de "Alice" serve como luva nas mãos calejadas do garimpeiro que, livre e nômade, segue o caminho ditado pelo seu faro. Perdido, sem rumo, mambembe, mas com um sentimento de liberdade e de vitória, o garimpeiro é aquele que acredita em si e traça seu próprio destino. Fatigado, dorme rico no sonho e acorda pobre na vida real.

No livro, Alice, na mesma situação, perdida, sem destino, pergunta qual o caminho a seguir e consagra o aforismo: "àquele que não sabe aonde quer chegar, qualquer caminho serve". Este poderia ser o lema do garimpeiro, pois procura o que não guardou, e segue por onde não sabe ir, nem tem certeza de quando e onde vai chegar. Mesmo assim, nunca se dá por perdido.

Louco? Pode vir a ser. Fica no ar a origem da loucura do garimpeiro e do chapeleiro. Não me refiro ao usuário

---

2. CAROL, Lewis. *Alice no País das Maravilhas*, LP&M, vol.143, Porto Alegre, RS, 2010.

de chapéu, como em Alice, mas àquele que o faz, trabalhando na indústria, contaminado pelo mercúrio que o enlouquece. As fábricas de chapéus que sobraram – esta indumentária, antes indispensável à burguesia para a proteção da cabeça, acabou abolida pela moda – deixaram de usar tintura com mercúrio desde os anos 1950.

O pai de Alice diz: "as pessoas loucas são sempre as melhores". Já, o "Chapeleiro Maluco", parceiro de Alice, reconhece ser "maluco por ser chapeleiro". Os versos da música em que anuncia sua loucura são:

Chapeleiro Maluco!

Lewis Carol (Idem)

Vejam só que absurdo
Me chamam de Chapeleiro Maluco
Só porque faço chapéu
E sou um tanto pinel.

Mas, só Alice pode me afirmar,
Se um chapeleiro pode assinar
Páginas de sentido torto
Onde ser louco nos dá conforto

Mas, mudando de assunto,
De repente me pergunto:
Por que um corvo se parece,
com uma escrivaninha?
E, por que não voo
como uma andorinha?

Da lavra deste geólogo, mal comparando o "maluco chapeleiro" com o congênere garimpeiro, ambos graças ao mercúrio, apurou rima rica da bateia que sublima nos seguintes versos:

Garimpeiro Maluco!

Everaldo Gonçalves*

Maluco por ser garimpeiro,
garimpeiro por ser maluco?
Dorme rico, acorda pobre
Na procura de metal nobre.

Sonha acordado, de bico fechado,
na alvorada descobre blefado.
Madruga, mal pula da cama,
devora, mete os pés na lama.

Aparece aonde pinta ouro.
Gira a bateia na mão do peão,
remexe o azougue no pião.
Dinheiro vem na contramão.

Vai e vem. Amém, tesouro!
Usa mercúrio igual benção.
Na verdade, traz é maldição.
Metal fluído amalgama o ouro.

O fogo sai da chama do tição.
Sublima, na fumaça de Zeus.
Queimado ao ar livre, a mina=mata. (1)
Sem a retorta? Pouco importa.

Tudo que é sólido desmancha no ar! (2)
Espírito do céu volta sagrado.
Satanás invade o corpo sarado.
Poros, pulmão e boca, calado.

Veneno sai da cobra-fumando.
Nervos fracos, boca fica torta,
com cabeça bamba de piração.
No âmago, encerra bom coração.

Sem sorte? Pouco importa.
Dinheiro martela à sua porta.
Não teme a foice da aura morta,
salva a alma à venda ao capeta.

Leva a arma à mão, pá e picareta.
É livre, sobrevive sem patrão.
Unidos retirantes do planeta.
Da terra comum, o seu quinhão.

Da meia-praça sobra migalha.
Escumalha a banda do lobão.
Os reis das minas e da fornalha, (3)
Façamos nós com nossa mão. (4)

Jazida é aborto da natureza.
Ouro livre. Preso, logo é solto,
qual ladrão, um vira n´outro.
Neutro, espalha o sol e pureza.

Na ideia, a chama já consome. (5)
Vai e vem, transcende em fumaça.
Esfriado é novo, eterno retorno.
Sem dono, tem cabedal, é ouro.

No garimpo há de veio a pepita.
Veio de direito torto de graça.
Leva da cata, na cava, à cova
da sepultura na mata da malta.

Massa revolta lota a praça.
Quando tem raça arruma arruaça.
Louco varrido, mas sou feliz.
Mais é louco quem me diz

Age de sol a sol na labuta.
Devasta toda grana com puta,
dama da noite d´alma pura.
A toque d´ouro fica santa.

Alienado! O corpo sujeita
a mente, ignora o mouro. (6)
Sabe feitiço, a práxis, a luta
de classe, com a força bruta.

Profissão, libertário, disputa
valor de troca, a mais valia;
trabalho vivo que vira morto.
Vil metal em terra devoluta.

Ouve tudo, sonha piscando.
Sangra boca calada falando.
Parece mais curió cantando.
Dorme solo, e matutando.

Acorda duro, masturbando.
Sozinho, logo vira bando.
É dono do próprio nariz,
vira pobre ou rico num triz.

Impossível é miserável feliz!
Trabalha o cascalho mirando.
Tarefa! Lavrar o ouro catando.
Segue o faro e o falo sem a matriz.

O corpo transforma força motriz.
Todo dia surge nova cicatriz.
A sobra serve como chamariz.
Terra capital pronto taxado.

Serra Pelada, a boca do povo diz:
De pé, cem mil famélicos da terra, (7)
Cantavam em desafio nosso hino.
Cem toneladas d´ouro fino,

Arrancaram da terra na mão,
um mil somente bamburrou,
cem sortudos do que sobrou.
A massa sem nada roeu osso.

A casta, com o filão do Colosso. (8)
O sonho da liberdade acabou.
A reserva a sondagem dobrou.
De céu aberto o túnel deu luz!

Espectro d´ouro derramado.
Guardado em cofre-rachado.
Pai-filho, o espirito é a matriz.
Ouro, alma gêmea da meretriz.

1) mina-mata, a mina que mata, mal de Minamata causado pela contaminação provocada pelo mercúrio ocorrida no Japão na Baía de Minamata;

2) Aforismo de Karl Marx e F. Engels, contido no Manifesto Comunista;

3) Versos da canção socialista Internacional, letra de Eugène Poltier;

4) Idem;

5) Idem;

6) Mouro, apelido de Karl Marx;

7) Verso da canção socialista Internacional, letra de Eugène Poltier;

8) Colosso é a empresa canadense - Colossus Minerals -, que ficou com 75% da jazida de Serra Pelada e os "garimpeiros" com 25%, para desenvolver a lavra subterrânea mecanizada da mina. Captou no mercado 450 milhões de dólares e perdeu a mina por erro de projeto da lavra subterrânea em rocha pastosa e na planta de beneficiamento de rocha dura, além de mau gerenciamento que levou ao fracasso total do projeto.

A Pedra de Drummond

A mineração de ferro em escala no Brasil representa 80% do valor do setor mineral e começou, em 1942, pela encampação da Itabira Ore, para o Brasil entrar na II Guerra, com a fundação da antiga CVRD/VALE S/A, no pico do Cauê, em Itabira/MG, berço natal de Carlos Drummond de Andrade. Em 1924, em versos sem rima nem nexo, o poeta previu que "tinha uma pedra no meio do caminho", cujas retinas de jovem não fatigadas já não viam mais na paisagem frontal à casa sede da fazenda Pontal, desapropriada de seu pai para construir a barragem de rejeito homônima.

A fé não remove montanhas!
Não são as intempéries da natureza, o sol, a chuva, a neve e os ventos senão as escavações dos animais, particularmente o Homem, com suas máquinas monstruosas, que fazem do convexo côncavo e provocam tanta destruição mineral-ambiental, com o novo no lugar do velho e geram jazidas minerais antropogênicas.

Everaldo Gonçalves

O ENIGMA DA POESIA TINHA UMA PEDRA NO MEIO do caminho.

Com esta afirmação, em um poema circular, sem rima nem nexo, o mineiro Carlos Drummond de Andrade (1902-1987) entrou para o fechado grupo dos modernistas paulistas da Semana de Arte de 1922.

Qual era a pedra? O que o poeta quis dizer com a pedra que colocou no meio do caminho?

Recentemente, reli e me vali dessa enigmática poesia de Drummond, para mostrar que, muito embora o Brasil *tenha* sido decantado em prosa, como sendo um País rico em pedras preciosas, não o é sequer em versos, com elas. Agora, espero homenagear os cem anos e pico do poeta e daquela Semana, para, quem sabe, colocar uma pedra preciosa em cima de tão célebre poema.

Faz-se na vida, inclusive, mau uso delas – as pedras –, tanto no real como no imaginário. Valoriza-se, às vezes, o lado esotérico do fetiche das pedras, que não *têm* poder de cura algum – exceto o de um bom placebo –, em detrimento do belo em si, de suas cores ou das formas geométricas perfeitas do cristal, como se *tivesse* sido lapidado pela própria natureza, que pode ser superada pela mão do artista o qual faz da pedra bruta uma joia, um capital de elevado valor de troca, sem valor de uso, posto que é o supérfluo do supérfluo. O suprassumo da inutilidade, segundo Marx, é como se o trabalho do homem lhe *tivesse* dado a vida, cujo fetiche faz com que elas, nas vitrines expostas como mercadoria, nos olhem de maneira sedutora, chamando-nos para serem compradas.

Porém, não é fácil organizar seu mercado. As pedras, nada mais que uma acumulação primitiva do capital, o extrativismo do capital pronto da natureza, perdem muito do seu valor potencial, devido ao baixíssimo teor na jazida e o elevado grau de incerteza na produção, por isso, baseada nos garimpos, em geral lavras clandestinas (80% da produção nacional), sem atestados de origem e autenticidade caem no mercado informal.

E o uso legal, em âmbito judicial, no qual pedras podem ser garantidas à penhora, nos termos do item dois do Código de Processo Civil (CPC), artigo 655 do antigo e do item XI do art. 835 do Novo CPC - Lei n. 13.105/2915, desconhecido, muito embora a Lei venha do Império, período em que constava, desde 1613, das Ordenações Filipinas. Antes de 2006, na garantia da penhora, primeiro vinha o dinheiro e, em segundo lugar, os metais e pedras preciosas; agora estão em oitava posição de preferência. Outro uso corrente e consagrado é "no penhor, um horror!" Quem já usou pode falar que *tinha* uma pedra! Lá é que vale a máxima de Marx (2001:29): "Tudo que é sólido e estável, de repente se desmancha no ar!".

No penhor, afirmo (Gonçalves, 2003: 209), até o ouro vira pó. A garantia real vai sendo corroída por juros e taxas que, a cada renovação da cautela, se o usuário não *tiver* cautela, seu capital é exaurido até zerar ou ficar negativo, o que configura a menos-valia.

O País é rico, mas em parte é pobre, dado o mau uso das pedras, e o é também nas letras, por não usá-las a contento. No tocante às pedras, a literatura brasileira é mais do que pobre, é paupérrima. Nenhum conto de pedra tornou-se célebre, nem os do vigário - tantos. O "Caçador de Esmeraldas", de Olavo Bilac, aprende-se na escola, e nada mais. Foi a saga em busca das pedras verdes, que, aliás, não se sabe onde estão e por onde andou o bandeirante Fernão Dias Paes Leme. Mas, em seu rastro, iria surgir as Minas Gerais, e, agora, em Itabira, ocorre uma enxurrada de esmeraldas.

Na poética, com as pedras, tampouco há rimas preciosas. Não há, como se diz, pérolas, pois estas não são preciosas, dado que não são pedras, produtos naturais do reino mineral. É o Muiraquitã, o talismã de Macunaíma, o personagem modernista de Mário de Andrade, que deixa a floresta para reavê-la e perde-se na cidade, como um herói sem caráter, e caminha até encontrá-la, para retornar à selva e perdê-la. No "Cancioneiro da Inconfidência", de Cecília Meirelles, as tão decantadas turmalinas sequer estão na lista das pedras preciosas.

Etimologicamente, pedra, *petrus,* do latim, é uma substância natural do reino mineral, nome vulgar de uma rocha, agregado de minerais, que são cristais com composição química e física definida. No sentido gemológico, pedra é uma gema ou pedra gema, se em estado bruto, o cristal já possui valor, valor de troca. Já o termo pedra preciosa é reservado ao diamante, ao coríndon (rubi e safira) e ao berilo (água marinha e esmeralda), por possuir beleza, raridade, dureza, elevado valor e mercado. Quanto à legitimidade da pedra, ela é dada mais pela mão de quem a usa, do que pela do geólogo, pois na mão do pobre, o mais puro diamante vira vidro; na da madame, é um valioso brilhante.

Pedra, ao poeta, pode ser um fragmento de rocha, uma pedra preciosa ou não, uma lápide, um monumento ou um maciço rochoso, a montanha. Palco do célebre sermão da Igreja, cujo reinado foi construído em cima de uma pedra e de Pedro. Já, ao usuário, se for de *crack*, é uma pedra no caminho que não *tem* volta.

Quando minúsculo, é o grão de areia ou silte, a fração menor. Se for inferior ao tamanho de uma mão, é um seixo. E, maior, um matacão ou um bloco. Dele, com o pixote, a cunha ou apenas com o marrão, o cantareiro faz a base ou o pedestal, que pela mão do escultor transforma-se em uma estátua, como o fez Michelangelo ao terminar seu "Moisés", deixou sua marca ao bater com o cepo no cinzel, em seu joelho, e ordenar-lhe, de tão perfeita: "Parla!"

Se for muito grande, uma pedra vira um monólito, um morro, tal qual o Pão de Açúcar no Rio de Janeiro ou o extinto Pico do Cauê, em Itabira, terra de Drummond e das antigas minas de ouro e de ferro, em Minas Gerais.

Drummond, nascido em berço de ouro e de ferro, da pedra-ferro e da pepita, na vida *teve* influência do minério, do risco, do fastígio, da incerteza ou do bamburro no garimpo dos mistérios das pedras. Estas, por sua vez, marcaram e refletiram-se em sua obra. Por vontade ou acaso, o minério rendeu muito caso e inspiração ao poeta mineiro. Drummond – sem mineirice – *tem* toda mineiridade e o legado do mineirismo. No coração romântico, na alma pura e pulso de ferro. Marcado nos contos, poemas de versos de rimas livres e rastro de minério. Ora no chão de ferro, cujas ruas de sua Itabira eram de "pés-de-moleque", revestidas em 80% com seixos, placas e pedras do mais puro minério de ferro. Ora no ouro, no outro, como diria o poeta, trocando um pelo outro no poema de sua lavra, a "**Mineração do Outro**". Mas o próprio poeta, ateu, nunca orou na Igreja de altar coberto de ouro. Da lavra do metal amarelo, surgiu o Arraial de Itabira do Mato Dentro. Depois, vem o ferro da antiga Mina do Cauê, no pico do mesmo nome, a pedra que marcou tão bem o espírito do poeta e se exauriu como ele, embora este viva entre nós, posto que imortal. E, ainda que tarde, postumamente, *tem* a novidade, a pedra da esperança. A esmeralda, a pedra que *tinha* no meio do caminho, do bandeirante Fernão Dias, o qual também por lá passou. Ele que *tinha* encontrado as pedras verdes, *tidas* como turmalinas, mas bem poderiam ser as legítimas esmeraldas, que lá abundam. Assim é que ambos, Fernão e Drummond, se foram, enganados. O paulista com uma porção delas no travesseiro de seu ataúde. O mineiro, com as vistas cansadas, sem *tê-las* visto em Itabira. Pois a esmeralda, variedade verde do mineral berilo, pedra preciosa legítima, entre seus poderes *teria* o de curar as vistas e retinas fatigadas.

Hoje, Itabira, já quase sem ferro rico, concentra minério pobre, o **itabirito**, à custa do itabirano e do mineiro pobre. E, há pouco tempo, tornou-se um centro de produção e comércio de finas esmeraldas. Das lavras já famosas de Capoeirana, o sonho de Fernão Dias parece *ter* vingado. E, se é *vero* que passou por lá mesmo, na verdade, *tinha* descoberto, sim, esmeraldas. Hoje, de tanta pedra verde extraída em Itabira e na vizinha Nova Era, com outras ocorrências na Bahia e em Goiás, o Brasil é *tido* como o principal produtor dessa pedra preciosa.

Um verde engano pode *ter* ocorrido, sim, tanto de um como de outro. Um se foi e as *tinha* como verdadeiras, o que podia ser mesmo; o outro morreu enganado, ou, antes, *tivesse* sido enganado na própria poesia:

Canto Mineral

(Carlos Drummond de Andrade)

"E as esmeraldas,
Minas, que matavam
de esperança e febre
e nunca se achavam
e quando se achavam
eram um verde engano?"

A interrogação final do poema deixa mais dúvidas do que certezas sobre o engano. Quem errou, se é que o cometeu, pergunto eu? Uma vez que o bandeirante errou na pedra e na atrocidade com os povos originários, desbravou as Gerais que viraram Minas, muitas, inclusive as esmeraldas que estão no percurso da montanha mágica de Sabarabuçu, cuja lenda conta que, uma vez tocadas, as pedras preciosas se metamorfoseavam no verde engano. E o poeta que se engana ou - como se por castigo, ou vaticínio - num reverso do verso, as pedras ordinárias, num toque de mágica de sua lavra, numa rima pobre, aí é que se engana. Sua Itabira, após sua morte, tornou-se uma nova vila rica, sem ouro, mas com o chão de ferro e o brilho da montanha de hematita apagado, com o fulgor do berilo verde que, sem engano, é sim a esmeralda. Essa pedra preciosa que a *tinha* escondida, que lá, em vez de surgir na montanha, dá nas profundezas da terra ou nas catas abertas de aluviões.

Em suma, da lavra de Drummond, modernista, *tinham* saído poucas rimas ricas e algumas até preciosas, em um eterno retorno na origem das Minas do poeta. Nele *tinha* muitas Minas. A das Matas, que foram derrubadas para dar lugar aos pastos para o gado e o café. A do Sertão e a dos Campos Gerais – com cerrado também acabado – que deu muito tição perdido no fogo anual para a brota do pasto. Depois perdido por ser a base da siderurgia mineira, o carvão vegetal, que rouba no alto-forno o oxigênio da hematita e volta à atmosfera, aumentando o efeito-estufa. E a das Minas, da mineração que o poeta vaticinou o fim de tudo, em seu *Tinha* e em inúmeras outras crônicas.

Quem diria que um dia iria acabar o minério de Minas? Pois é: *tinha* manganês em Conselheiro Lafaiete; *tinha* ferro em Águas Claras na Serra do Curral e lá na Itabira de

Drummond; até diamante no vale do Rio Jequitinhonha *tinha*; o ouro de rio em Minas, nem se fala que *tem* mais, foi cunhar a libra esterlina; e, logo-logo nem o nióbio Araxá mais *terá*; e outros minérios se vão no vagão, no porão do navio, quando não no avião, as pedras preciosas na mão.

Minérios não dão duas vezes é o refrão que nos une no ditado tantas vezes gritado nas ruas pela UNE - União Nacional dos Estudantes (1939-).

A opulência e a fortuna fácil na lavra do ouro acabaram em um século de extração. Era a incerteza e riscos da mineração a par do sonho acalentado no ganho fácil, no tesouro, no maná, e a levar uma vida a procurar o que não *tinha* guardado.

O mineiro do garimpo, um homem diferente, misterioso, sonhador, arredio, de fala pouca e mansa, que diz que vai, mas não vai, e se diz que vai para um lado, é certo que vai para o outro. É solidário só no câncer, segundo outro grande mineiro *tinhoso*, Otto Lara Resende, que garimpou muitos contos. De garimpo quase nada diz ele, nem qualquer outro escritor tupiniquim, daquele artesão, o garimpeiro, que exerce um ofício, uma profissão tão conhecida, mas que não é mais reconhecida. Esse ser misterioso, que sonha acordado, dorme rico e acorda pobre, é um misto de indivíduo esperto da cidade, com o matuto de olhar de lince, que cochila de olho aberto, qual um estrábico, sempre vê o fundo da bateia e enxerga até a sombra do passante, que escuta de ouvido atento ao menor ruído, de folha caída ao vento.

O tempo e o ser, o concreto e o abstrato, o rico e o pobre, o trabalho é o jogo, o tudo e o nada, o dinheiro é o ouro em pó, em palheta, em granete e pepita, um vira no outro. O garimpo parece mentira ora dá, ora tira. Há quatro coisas na vida, segundo José Levi, garimpeiro, compositor de Diamantina-MG, que atrapalham o garimpeiro: mulher bonita, cachaça, jogo e dinheiro.

O metal amarelo, o deus, o minério, o *ore* do inglês, que mesmo para quem ora, se acaba, ora na cata no aluvião, ora no veio no túnel, sem fim. Nasceu daí a incerteza nos rumos da mineração de grande porte, que não precisa da sorte, mas da cobiça e da boa vontade do estrangeiro. Do minério bruto, do *lúmpen*, o mais puro minério de ferro dá o rolado, o chapinha, o bitolado e o fino, antes rejeitado, agora é aglomerado na nobre pelota.

No início da República, as terras com minério em Itabira, o nosso solo e subsolo, as concessões eram dos ingleses, da Itabira Ore, que depois passaram às mãos de outro estrangeiro, capitaneada pelo norte-americano Percival Farquhar et CIA. Até que estourou a Segunda Grande Guerra Mundial e outro espectro, com a cruz gamada do nazismo de Hitler, fez com que Getúlio, mesmo com seus Camisas Verdes, libertasse-nos do jugo estrangeiro, vingando a empresa estatal. Uma em Volta Redonda (RJ), a Companhia Siderúrgica Nacional (CSN). Outra, a Companhia Vale do Rio Doce (CVRD), que nasceu na Itabira (MG) de nosso poeta maior, que já não a *tem* mais como antes, nem nós, que ficamos sem Ele, sem Ela e sem o minério.

Em tudo de Drummond *tinha* pedra, que repetiu à exaustão, de fato, ao repetir o **tinha uma pedra, que agora Itabira já não *tem* mais** aquela sua pedra rica.

Em 1924, o então jovem Drummond – um legítimo "pé-de-pomba", pé-vermelho tal qual a mim, ele com a sola marcada pela tinta indelével do solo do minério de ferro e eu com a sola do couro do seleiro, meu pai e a terra roxa da alteração do basalto – lavrou uma poesia, na verdade um poema ou poemeto, que foi publicado em 1928, na edição nº 3 da "Revista de Antropofagia", causando enorme furor:

ANNO I — NUMERO 3 500 RS JULHO - 1928

Revista de Antropofagia

Direcção de ANTÓNIO DE ALCANTARA MACHADO — Gerencia etc. de RAUL BOPP

Endereço: 13, RUA BENJAMIN CONSTANT — 3.º Pav. Sala 7 — CAIXA POSTAL N.º 1.269 — SÃO PAULO

CARNIÇA

Numa conferência há pouco realizada na Faculdade de Direito de São Paulo Baptista Pereira esguichou um pouco de Cruzwaldina na epidemia positivista que assolou e ainda hoje assola êste país condoreiro. Pode parecer bobagem a gente ainda se preocupar com tal cousa. Pode parecer só: porque não é. Ninguêm está claro vai se dar ao trabalho de combater o positivismo hoje em dia. Mas é preciso de uma vez por todas liquidar com êsse cadáver que enterrado desde muito na Europa foi exumado por meia dúzia de fivelas e trazido para o Brasil onde continua empestando o ambiente.

Quási todas as tolices iniciais da República a gente deve aos austeros namorados póstumos de dona Clotilde. Assim como entre nós sujeito mal cheiroso é para todos os efeitos filósofo bastava alguêm fazer parte da igrejinha Ordem e Progresso para ser considerado logo sábio, gênio, armazem de virtudes, torre de honestidade.

Não digo que se coma semelhante carne. E' cousa que já a cozinha refugou, o cachorro não quiz, os corvos não aceitaram protestando virar vegetarianos caso insistissem. Tambêm deixar na dispensa envenenando as varejeiras não é possivel.

Daí o melhor é pôr a carniça num tanque de creolina e recambia-la para a Europa. Com êste bilhete: **Preferimos sardinha.** Que marca vocês querem? Amieux, Philippe & Canaud ou aquela de saudosa memória d. Pedro Fernandes inexplicavelmente desaparecida do mercado desde 1556?

ANTÓNIO DE ALCANTARA MACHADO

NO MEIO DO CAMINHO

No meio do caminho tinha uma pedra
tinha uma pedra no meio do caminho
tinha uma pedra
no meio do caminho tinha uma pedra.

Nunca me esquecerei desse acontecimento
na vida de minhas retinas tão fatigadas.
Nunca me esquecerei que no meio do caminho
tinha uma pedra
tinha uma pedra no meio do caminho
no meio do caminho tinha uma pedra.

(BELO-HORIZONTE)

CARLOS DRUMMOND DE ANDRADE

"A BARBÁRIE DURA SÉCULOS. PARECE QUE SEJA ELA O NOSSO ELEMENTO: A RAZÃO E O BOM-GÔSTO NÃO FAZEM SENÃO PASSAR"

D'ALEMBERT - Discurso preliminar da **ENCICLOPÉDIA**

Fac-símile da publicação do poema No meio do Caminho na Revista Antropofagia, em julho de 1928

A crítica foi muito desfavorável. Uns viram logo, entretanto, o "**Modernista das Alterosas**", na poesia solta, sem métrica, sem rimas e um enigma, uma aporia, um caminho sem fim, que não levava a nada e, mesmo assim sem volta, em um repetir sem fim o *tinha*, um eterno retorno nietzschiano. É uma revolta ao clássico, ao convencional, abandono das formas e construções métricas perfeitas, daí o modernismo do poeta. Em vez de usar a prosa e a escrita culta da época, com sujeito, verbo, predicado e o complemento, ele, liberto como poucos, inovou, dando vida e significado ao oculto, expressando-se com liberdade e desenvoltura. Repetiu, em dez linhas, a partir do título: sete vezes meio, caminho, *tinha* e pedra. E que cada um interprete como queira ver, com a ajuda de seu legado:

Legado

(Carlos Drummond de Andrade –
Claro Enigma – 1951)

"Que lembrança darei ao país que me deu
tudo que lembro e sei, tudo quanto senti?
Na noite do sem-fim, breve o tempo esqueceu
minha incerta medalha, e a meu nome se ri.

E mereço esperar mais do que os outros, eu?
Tu não me enganas, mundo, e não te engano a ti.
Esses monstros atuais, não os cativa Orfeu,
a vagar, taciturno, entre o talvez e o se.

Não deixarei de mim nenhum canto radioso,
uma voz matinal palpitando na bruma
e que arranque de alguém seu mais secreto espinho.

De tudo quanto foi meu passo caprichoso
na vida, restará, pois o resto se esfuma,
uma pedra que havia em meio do caminho."

Em seu caminho agora havia uma pedra, não *tinha* mais? Não uma, a única, mas muitas. Nasceu numa pedra, a própria decantada por ele, sua **Itabira**, do tupi, ita = pedra e bira = brilho. Pedra que brilha, puro minério de ferro. A hematita, mineral denso, cujo metro cúbico pesa 5,25 toneladas, com dureza seis. Que lá ocorria, *tinha*, minério consagrado no mundo como o de mais elevado teor, 70% de ferro e o restante de oxigênio. Hematita, a pedra cinza-preta, de traço vermelho, dura, maciça, botrioidal, folheada, pulverulenta ou nas variedades. Uma há em escamas, brilhante, especular, a especularita. Outra é a magnetita, cujo poder de atração *tem mudado* o caminho de muita gente boa, pois até a bússola junto dela fica louca. Quando hidratada dá o ocre, pigmento amarelo das pinturas rupestres. Mas, o nome principal, hematita, vem do tupi e do grego *hemos*, de sangue, pedra-sangue, que é a cor vermelha do pó dessa pedra, não o hemos de havemos, que virou abemos e deu *temos*. Sangue esse das veias poéticas do itabirano de peito de aço e coração sensível que faz das lembranças o retrato do pico que não existe mais:

Confidência do Itabirano

(Carlos Drummond de Andrade)

"Alguns anos vivi em Itabira.
Principalmente nasci em Itabira.
Por isso sou triste, orgulhoso: de ferro.

Noventa por cento de ferro nas calçadas.
Oitenta por cento de ferro nas almas.
E esse alheamento do que na vida é
porosidade e comunicação.

A vontade de amar, que me paralisa o trabalho,
vem de Itabira, de suas noites brancas, sem
mulheres e sem horizontes.
E o hábito de sofrer, que tanto me diverte,
é doce herança itabirana.

De Itabira trouxe prendas diversas que ora ofereço:
este São Benedito do velho santeiro Alfredo Duval;
este couro de anta, estendido no sofá da sala de
visitas;
este orgulho, esta cabeça baixa...
Tive ouro, tive gado, tive fazendas.
Hoje sou funcionário público.
Itabira é apenas uma fotografia na parede.
Mas como dói!"

Lá na terra natal, um chão de ferro, havia sim uma pedra muito grande, um morro, uma montanha de ferro. *Tinha* mesmo no seu caminho, que lhe cansou a retina de tanto vê-la bem na frente de sua cidadezinha. Como num vaticínio, hoje já não *tem* mais, levaram o minério para longe, para Michigan, para Detroit, fazer aço, chapa, automóvel. Para Londres, Manchester, Liverpool e para a Europa Continental, na guerra. Depois, para recuperar o mundo do pós-guerra, no Japão, Alemanha e Itália e nos países aliados vencedores. De novo nosso minério suportou, nos canhões, a Guerra da Coreia.

Em 1997, em um negócio da China, vendeu-se a Vale, com um vale, que parte, U$ 0,7 bilhão se pagou com o dinheiro que *tinha* no caixa. O restante com moeda podre e até empréstimos oficias. Perdemos nossa única empresa de desenvolvimento, quando o governo Fernando Henrique privatizou por míseros U$ 3,3 bilhões, para um consórcio de empresas nacionais e estrangeiras com bancos e fundos de pensão, que já não tem mais nem o controle do negócio.

O minério vai e vem de trem, no porão, na forma de algum bem, nem que seja um que aqui se *tem*, como um guarda-chuva chinês, que se usa uma única vez.

A Montanha de ferro foi removida, não pela fé, que não remove montanha alguma, nem pela boa-fé de muitos, antes sim, pela má-fé de poucos!

Assim é que: no meio do caminho *tinha* uma pedra! Que já não *tem* mais.

O *tinha* é o pretérito perfeito; o *tem* o presente, que demos para alguém, assim não se *tem* futuro, pois minério nunca mais o *terá*. No lugar do *tinha*, o correto, o mais adequado, seria havia e, por isso, duramente criticado por fugir do falar culto, que o poeta aboliu. Foi redundante, ousado, repetiu o *Ter*, como se fosse um Ser, que se foi sem *tê-lo*, sem nada dever ao haver.

Havia uma pedra no meio do caminho... E assim por diante, sucessivamente, até cansar a fala, mas não as vistas. E, afinal, que pedra poderia cansar as vistas, as retinas tão fatigadas, se nem idoso era o poeta na ocasião? Eis a questão: decifra-me ou te devoro, perguntou a esfinge da fábula, com seus olhos verdes. Tantos acham, entendem, interpretam, defendem, escrevem em vão e tentam explicar a poética livre que *tem* o mineiro modernista. Líder de sua geração, sem que se reconhecesse o tal no modernismo montanhês, segundo Pedro Nava (Beira Mar/Memórias 4, 1979: 171), a quem carinhosamente Carlos, naquele tempo, era: "um moço de cabeça bem posta no longo pescoço de figura de Modigliani..."

Homem de vida espartana, de hora certa, qual filósofo iluminista Immanuel Kant (1724-1804), passeava em Copacabana, no Posto Seis. No trabalho público era um servidor brioso, o perfeito burocrata. Na vida privada, uma verdadeira incógnita, que escrevia nas entrelinhas, um tipo esguio de chapéu, terno, capa, guarda-chuva e galocha, uma figura caricata. Um fenótipo longilíneo, pescoçudo, de perfil reto, calvo e de óculos marcantes. Sujeito introspectivo, de verbo fácil e muitos adjetivos, de muita escrita e pouca fala. Cioso no amor (muitas vezes piegas), mas vale a pena procurar pelo seu lado obsceno, para quem "a bunda são duas luas gêmeas" ("A bunda, que engraçada". Drummond...). Um tipo recatado, recôndito, recluso, introvertido, crítico mordaz, irônico, esquivo, lírico, erudito, fechado, com bons e poucos amigos. Incrédulo, profano, gauche, ambíguo e contraditório tal qual um dialético que seguiu outra Bíblia, "O Manifesto de Karl Marx", muito anterior ao "Manifesto dos Mineiros", que não assinou. Mas emprestou seu nome e prestou serviços na "Tribuna Popular", o jornal de Luiz Carlos Prestes, do Partido Comunista Brasileiro (PCB), o Partidão, que cedo abandonou o velho PC, sem aderir ao novo, o computador.

Sobre o significado da pedra, ele mesmo, nunca falou de maneira categórica se se tratava de uma apenas e de qual pedra. Nem ao menos se havia mais de uma pedra no meio do seu próprio caminho. Seria um estorvo tantas vezes a atrapalhar a vida do poeta, que, sem rumo, saiu de sua cidadezinha em busca de outros mares, primeiro em Belo Horizonte, estado sem mar, no presente, mas que o *teve* há mais de um bilhão de anos. Era nas espumas de versos das rodas de prosa de tantos bares, nos arredores da Rua da Bahia. Foi a Ouro Preto, passando por outros picos, de Itabirito, que também se vai, e do Itacolomi, pedra flexível; e, em vez de estudar as pedras na Gloriosa Escola de Minas, preferiu as poções e os sais de outra faculdade, de onde saiu diplomado, sem virar boticário.

Depois, sim, o farmacêutico, *teve* seu mar no Rio, em sua Copacabana. Em sua chegada, era o Rio de Getúlio, de outro mar, um mar de lama, cuja ditadura serviu, de 1934 a 1945, no Ministério da Educação, como Chefe de Gabinete do amigo Gustavo Capanema, ali no prédio modernista de Oscar Niemeyer, no Castelo, quase na lateral do aeroporto Santos Dumont, outro mineiro célebre, o "Pai da Aviação".

Drummond, itabirano ilustre, dedicou boa parte de suas crônicas para enaltecer sua cidade colonial, caso único no mundo, que até as calçadas e ruas eram pavimentadas de minério de ferro, além de criticar a Vale além da conta, devido à desapropriação mal resolvida. A mágoa era tal que o poeta jamais quis botar os pés no casarão da Fazenda Pontal que, para não ser inundado pela represa de rejeito, foi desmontado e reconstruído pela Vale. Embora o monumento sirva de sede da Fundação Cultural Carlos Drummond, com o patrocínio da mineradora.

Tampouco criticou a prefeitura de Itabira quando, para pagar a dívida com a mineradora Vale, o prefeito aprovou a Lei nº 284, em 10 de junho 1959, que autorizava a municipalidade a vender, à própria credora, o minério puro do pavimento histórico das ruas da cidade, que trocou por um mais moderno.

Vista da Rua dos Operários quando o pavimento era de seixos e placas de minério de ferro

Foto: autoria de Miguel Bréscia; Fonte: https://viladeutopia.com.br/nao-foi-so-a-alma-que-itabira-vendeu-para-a-vale-mas-tambem-o-calcamento-de-hematita-do-centro-historico/ http://www.cidadeshistoricasdeminas.com.br/

Muito menos o poeta foi contra a justa homenagem à Getúlio Vargas que os itabiranos tiveram de aceitar, uma vez que foi feita pelo Interventor Benedito Valadares ao ditador benemérito da cidade, em 13 de dezembro de 1942, sem autorização Federal, referendado pelo Decreto-lei estadual nº 1.058, de 31 de dezembro de 1943, que mudou o nome de Itabira para Presidente Vargas. Acabada ditadura Vargas (1937-1945), depois de forte pressão popular, por meio do Decreto nº 2.430, de 05 de março de 1947, o nome Itabira foi retomado, sem merecer uma bela crônica do poeta. Drummond parece que conseguiu separar a fidelidade ao amigo Gustavo Capanema, longevo Ministro da Educação, com a função de chefe de seu gabinete, que lhe garantia os proventos, sem se envolver com os atos da ditadura.

Na partida do imortal da ABI - Academia Brasileira de Letras deixou um mundo sujo que *tem* tanta coisa que não gostaria de *ter* de ver, com poucas que não pode mais!

Vista antiga de Itabira com o Pico do Cauê no fundo

Foto: autoria de Miguel Bréscia; Fonte: https://www.flickr.com/photos/achmg/5033334357 http://www.cidadeshistoricasdeminas.com.br/

Escultura de Drummond vendo o buraco que restou do Pico do Cauê, cuja altitude original era de 1385 metros, no Complexo Mineral de Itabira/MG da Vale S/A.

Foto: Carlos Cruz

A pedra de Drummond não era uma pedrinha qualquer, um pedregulho, um seixo, um calhau ou mesmo um matacão, como se pensa ou *têm* interpretado os homens das letras. Baseio-me na obra atual de Davi Arrigucci Jr. (Arrigucci, 2002: 68-74), muito bem analisada na forma, mas que, sem saber de pedra, perdeu-se no conteúdo da poesia. A leitura quase direta, o óbvio, o simples é mais fácil de compreender. Quando se quer ir além e penetrar na alma do poeta, para entender seu verso, interpretar seu pensamento, pode ser impossível. No caso *tem* de saber de suas Minas, não uma, mas de tantas Minas, do ambiente do poeta, não basta a análise literária. Eu, um homem das pedras, vejo tudo de outra forma. Já o crítico, não. Veja-se o que Arrigucci entendeu:

"Como pedra de escândalo em que todos tropeçam, é sempre citado, mas só considerado de passagem e, na verdade, pouco estudado analiticamente, apesar da grande importância para compreensão da obra toda" (idem: 69).

"por fim, a completa banalidade do que ali se considera literalmente um acontecimento, isto é topar com uma pedra no meio do caminho". (idem: 70)

"Aqui ele se mostra como lance permutativo, que pela troca repetida de partes de verso faz do texto tecido verbal, tramado pelo retorno rítmico dos segmentos como lançadeira de um tear, repisando pela repetição circular e infindável o efeito da alma do desconcerto da pedra no meio do caminho". (idem: 71)

"na sua mesma comicidade grotesca conota ainda algo terrível, cujo efeito corrói a alma, ensimesmada e abatida diante da pedra irremovível". (idem: 71)

"a rigor, o poema se reduz, portanto, a uma situação narrativa básica – a do caminhante que se defronta com o obstáculo –, a situação essa que se converte no drama íntimo de quem se abate diante da barreira". (idem: 72)

"a pedra está no início de tudo e também, no fim. Atingindo a sensibilidade do poeta, ela desencadeia uma reflexão, pois cria a aporia que esta no princípio de todo querer saber". (idem: 72)

Drummond não está mais entre nós, não vive mais, para afirmar o que *tinha* no meio de seu caminho. A pedra de seu caminho se foi de vez, assim como o poeta, que imortal ficou nos versos, ingênuos, figurados, românticos, enigmáticos e profundos. Ele era quase uma unanimidade nacional, que achava que *tinha uma pedra*, que aos poucos foi sendo levada, de Itabira, de Minas, do Pará, do Brasil, de trem e de navio. Ela que, no alto-forno com carvão, sem o carbono virou aço, virou chapa, virou trem, virou navio, bicicleta, carro, moto, caminhão.

O ferro fez a guerra e os tanques, os canhões, as armas brancas e de fogo para tirar a alma de tantas vidas. Mas não fez a escultura do poeta, lá no seu Posto Seis de Copacabana, onde de óculos, que os cegos quebram, está sentado num banco de pedra e de costas ao mar, em ferro para eternizá-lo e evitar os vândalos *têm* depredado, que, por merecido, *tinham* de levar ao menos uma boa pedrada!

Pedra Milagrosa na Filosofia Caipira

> *A Pedra Filosofal, entre outros poderes, transformaria o chumbo em ouro e foi a busca inútil dos alquimistas, assim como a da Fonte da Juventude que garantiria a vida eterna na Terra, além da Céu, aos crentes. A junção dos dois desejos na Pedra da Juventude seria possível na Filosofia caipira e, se não se ganha a eternidade, ao menos parece que rejuvenesce o sorriso do usuário.*
>
> **Everaldo Gonçalves**

O PODER DE CURA DAS PEDRAS É UMA PANACEIA, POIS a mente humana, que segmenta o pensamento metafísico, particularmente o esotérico, cria fantasias, confunde a parte com o todo – a matéria do corpo, origem da vida – e, pior, leva aos crédulos à sensação de que é plausível e que beneficia, por mais esdrúxulo que seja o "milagre".

Verdadeiro milagre foi o das pedras no resultado do aperto de mão, dado em maio de 1999, entre o Dalai Lama do Tibet e o ator Richard Gere, mostrado em *close*, na Rede de Televisão CNN, ambos usando uma "pulseira da sorte". Em pouco tempo, nos Estados Unidos, venderam-se mais de 50 milhões de peças, para sorte e felicidade dos pedristas.

No Brasil as pedras preciosas despertaram o interesse desde o início da ocupação do território que foi aumentado na busca delas. Diamante foi a primeira pedra preciosa descoberta no Brasil, em Diamantina – MG, em 1714, um capital primitivo, que igual o dinheiro vem sempre com uma face suja de sangue. As sonhadas esmeraldas do "caçador" Fernão Dias são um mistério semelhante aos ligados às outras pedras que seriam aqui descobertas e produzidas. As lavras de pedra gema em geral são desorganizadas, na forma de garimpos, que segundo os que se dedicam a essa vida de ilusão de tirar o que não guardou: o garimpo dá e tira, pois traz de volta, na mesma cava ou em outra, quando não a de sepultura, o dinheiro ganho na facilidade. Alguns dizem que as pedras dão sorte a seu possuidor e podem valer fortuna, que em geral os aventureiros gastam a mesma quantidade para encontrar as minas e tirar as pedras das entranhas na natureza. Outros acham que devido à ligação com Plutão, Deus do fogo, que dá o nome às rochas plutônicas, por isso, algumas pessoas desavisadas podem acreditar que estas rochas têm parentesco com o Satanás e trazem desgraça em todo o caminho das pedras. Nada disso é fato real, que a ciência tenha explicação. O poder da mente é grande, maior que o das pedras, mas não é com fé que se remove montanha, antes sim com a mão do homem, explosivos e máquinas pesadas ou pelo efeito da gravidade, uma vez que pedra não anda por si mesma. O minério ocorre no local onde se encontra não apenas por acaso, podendo até ser encontrado por acaso, mas por uma série de processos geológicos definidos e previsíveis.

A Humanidade, desde os primórdios da civilização, aprendeu a usar os minerais e seus agregados, as rochas, que inclusive dão nome à Idade da Pedra – Lascada e Polida; Idade do Cobre, do Bronze e do Ferro e talvez estejamos na do Silício, nas fibras óticas e na indústria eletroeletrônica.

Pedra, em sentido amplo, tem a mesma definição de rocha que é um agregado de um ou mais minerais[1]. No sentido restrito, no meio especializado, pedra é empregado com o significado de ser um cristal de mineral gema no estado bruto ou lapidado. Portanto, pedra, no uso corrente, é qualquer fragmento de rochoso encontrado na natureza, inclusive aquele da lápide. E, cabe dizer, no Brasil o aproveitamento das substâncias minerais, a partir da República, não é de livre uso, inclusive do proprietário do terreno onde ocorram, exceto nos casos de uso local sem interesse comercial. Toda substância mineral faz parte do subsolo da União, que pode autorizar ao particular a pesquisa para provar a viabilidade econômica da jazida e a outorga da lavra, nos termos Constituição Federal e do Código de Mineração (Decreto-Lei nº 227/1967).

As pedras gemas têm sido usadas desde a Antiguidade com finalidades ornamentais e cultuadas como signo de divindades. São úteis quando duras, densas e de fácil divisão e junção; e, belas, pelas cores e formas geométricas, que agradam a vista devido às proporções, simetria e colorido. Quando rara, ainda que não possua valor de uso, posto que seja um bem supérfluo, a pedra passa a ter elevado valor de troca em forma de mercadoria, que, dado o fetiche, encanta as pessoas. A joia exposta na vitrine ganha vida, com brilho de olhar sedutor nos chamando para ser comprada.

No comércio vale a lei do mercado e o fetiche da mercadoria no encanto das pedras de simples adorno passam a

---

1. Nota do autor: Mineral é uma substância com propriedades química e física definidas que ocorre livre na natureza.

fazer milagre, inclusive com poder de cura ligado à energia nelas contida, que de fato elas não o possuem como se propala. No extremo das fontes das forças de energia naturais está a energia radioativa, que pode existir em algumas pedras, mas em quantidade tão pequena que não afeta as pessoas. Neste caso, poderiam inclusive ser perigosas à saúde. A força magnética, presente no mineral de ferro – magnetita, mal deixa louca a bussola que dá o rumo ao ser humano. A energia positiva de pedra que pudesse energizar uma pessoa ou parte do corpo não foi possível medir em nenhuma pedra, mas sempre estaria ligada diretamente à atração da massa do corpo e inversamente proporcional à distância dos mesmos. Outras aplicações das pedras na saúde humana são possíveis, mas, com efeito meramente físico, além de psicológico, mas cuidado com a pedra gerada no próprio corpo que nem sempre consegue a expelir por si mesmo. E o efeito placebo não é remédio psíquico exclusivo das pedras. Podemos começar pelos pés, com a pedra-pomes, pedra vulcânica muito leve e áspera, igual à lixa, que há muito tempo é usada para esfoliação da pele grossa dos pés. O cristal de quartzo pode ser quebrado em peças tão finas e cortantes que eram usadas para raspar a barba. Se alguém usar pedras quentes no corpo, para aliviar a dor lombar, por exemplo, dependendo da forma, da cor e do tempo de aquecimento da pedra e de transferência do calor, no contato direto com corpo, pode ser um bom aquecedor, se não tiver um aparelho industrial melhor. No mais, daquilo que se tem dito do poder de cura das pedras, as pedras não possuem poder de cura algum, mas o mercado para tal finalidade é grande. Como evitar esse engodo? É difícil e as pessoas, por falta de informação ou outros motivos, são levadas a acreditar em milagre.

Por isso, no intuito de procurar alertar as pessoas

de bem, que acreditam na cura das pedras, é que escrevi este conto, colocando na boca de um filósofo caipira, na sabedoria da linguagem simples e direta, que talvez possa surtir melhor efeito do que um artigo científico.

É um desafio que ouso enfrentar, mas preciso lembrar que são raros os textos, principalmente com base científica, até então apresentados na fala escrita do dialeto caipira conforme as contradições na dialética das transformações da linguagem viva, na busca da verdade, com base nos conceitos da razão de ser de cada um na sociedade. Então, quem conhece a literatura brasileira, andou pelo interior do estado de São Paulo e do Brasil, bebeu água nas principais fontes, aprendeu muito e ensinou tanto garimpeiros como roceiros e mineradores, já pode se dar ao prazer de escrever na linguagem caipira segundo a dialética no dialeto caipira.

Redigir com conhecimento científico na linguagem e gramática caipira é uma provocação rara em nosso meio. Não há pretensão de se equiparar aos clássicos que abordaram o folclore popular qual o advogado potiguar Câmara Cascudo (1898-1896) ou o paulista de Tietê, Cornélio Pires (1884-1956). Este texto, quem sabe, possa contribuir com a linha da rica escrita do grande escritor, paulista de Taubaté, Monteiro Lobato (1882-1948) que valorizou o nosso caipira na figura do Jeca Tatu, consagrado nos almanaques distribuídos nas farmácias para ensinar princípios de higiene contra vermes cujos ovos penetram pelas mãos sujas e os pés descalços. As palavras incompreensíveis adotadas no texto podem ser entendidas no dicionário do final ou no livro *"Dialeto Caipira"* do poeta, filólogo e acadêmico, Amadeu Amaral (1875-1929), paulista de Capivari. Obra rara que atendeu os reclamos da falta de um dicionário do português que contivesse as palavras consagradas pela rica língua falada no Brasil, particularmente aquela dita caipira.

Nas universidades existem pesquisas sobre a fala caipira e a origem de nossa língua, por isso não é objetivo deste texto aprofundar a discussão dos dialetos da língua portuguesa falada no Brasil e particularmente em São Paulo.

Entretanto, não se pode ignorar um "livrinho", publicado pela Editora Viseu de Maringá-Pr, em 2019, da professora Vanete Santana-Desmann, que dá importante contribuição da língua na construção e consolidação de uma nação. *Hy Brasil – a construção de uma nação* é um instigante, inédito e elucidativo estudo de como o primeiro livro publicado sobre o Brasil, tão bem desmascarado na edição de Monteiro Lobato[2]: Meu cativeiro entre os selvagens do Brasil, de Hans Staden, mas tardiamente publicado entre nós, em 1920, sem ter tirado a marca de "selvagem canibal" à população pré-Cabralinas da América portuguesa. Na verdade, o jovem alemão que ficou capturado, em 1547, pelos tupinambás aliados dos franceses, que guerreavam com os tupiniquins, congregados dos padres jesuítas que os catequisaram na cultura europeia, que em nome de Deus, praticou a maior selvageria da humanidade. Quando foi dizimada a população aqui existente, estimada em 6 milhões de almas, antes da chegada da "civilização".

Não havia nação, ainda que o tratado de Tordesilhas,

---

2. Staden, Hans. *Meu cativeiro entre os selvagens do Brasil* (ordenação literária: Monteiro Lobato). Rio de Janeiro, Editora Nacional, 1926, 2ª edição; e, Lobato, Monteiro. *Aventuras de Hans Staden.* São Paulo: Melhoramentos, 19888, 34ª edição (primeira edição 1927).

3. SANTANA-DEZMANNN, Vanete. Hy Brasil: a construção de uma nação - 1ª edição – Maringá/PR- Viseu, 2019.

1494, celebrado entre o Reino de Portugal e de Castela já tivesse dividido as terras "descobertas e por descobrir", antes do achado do novo território, em 22 de abril de 1500.

Entretanto, de acordo com a professora Vanete[3], a nação demorou a ser constituída, ainda que o Estado independente também só tenha chegado, em 1822, pois ambos exigem a língua pátria, que na origem era o tupi-guarani local, com áreas de fala do português, primeiro colonizador, do francês e holandês, invasores, que sofreriam a influência das etnias africanas até a chegada dos imigrantes alemães, suíços, espanhóis e principalmente os italianos. Estes europeus que marcaram muito os costumes e a fala caipira paulista. Então, para aquela autora, apenas a partir de 1935, com a publicação da primeira gramática Antonio Alvares Coruja: *Compêndio da gramática da língua nacional*, é que de fato se reconhece a Nação e Estado Brasileiro.

O fato é que a fala arrastada do paulista é típica a ponto de ter sido muito discutida no Parlamento no final do primeiro e início do segundo Império. Foi quando da criação de duas escolas de direito no Brasil, uma em Olinda/PE e a outra, em 11 de agosto de 1827, ficou em São Paulo, mas houve clamores, pois reclamaram que os caipiras paulistas iriam corromper o vernáculo com seus vícios de linguagem que contaminariam a fala culta dos futuros bacharéis vindos de todos os rincões do Brasil.

Em junho de 2002, um amigo de Limeira – SP[4], concertista clássico, grande figura e pessoa bem vivida, viajado,

4. N.A.: Cidade distante 150 km da capital paulista, que surgiu na rota para o sertão do Mato Grosso e da lavoura da cana, cafeeira, depois, da laranja e polo da indústria automobilística, que atualmente é um centro da indústria de joias e bijuteria. O autor nasceu em Iracemápolis, antigo Distrito de Limeira.

contou-me uma experiência passada que vale a pena ser contada, pela forma como se deu, enaltecendo as pedras e todos seus "doutores".

> – *"Ora viva! Ocê poraqui de novo Verardo. Quem tá vivo sempre parece. Ocê qu'é um ômi das pedra priciza sabê quelas sarvaro minha vida!"*
>
> – *"Numa ocasião, lá vai tempo, estava numa dureza danada no Paraná, e veja só o que me ocorreu. Sem rumo, qual andarilho, eu e minha viola, na busca do santo dinheiro, numa estrada de terra, com poeira até pelo vento. Num local ermo, mas de paisagem maravilhosa com plantio de café belíssimo, avistei de longe, duas casas na beira do meu caminho. Era um fazendão de café, terra roxa de primeira. Fui ao riozinho e vi uma dádiva da natureza: água cristalina, areia branca e muitas pedras roladas, de vários tamanhos e formas, raras claras, predominando as pretas[5] lisinhas alongadas, achatadas ou na maioria arredondadas".*
>
> – *"Peguei um punhado, lavei bem e coloquei no arforji e segui na direção da primeira. Fiquei deslumbrado! Um belíssimo casarão sobradado no estilo colonial, retangular, com varanda na fren-*

---

5. N.A.: pedra ferro ou fogo, seixos de basalto; rocha vulcânica que invade o pacote de rochas sedimentares arenosas da bacia geológica do Paraná; rocha importante pelas quedas d'água que forma nos rios, podendo gerar energia; pelo uso como pedra de brita, de revestimento e da lápide; e, pela fértil terra vermelha que dela resulta e marca a ocupação da lavoura paulista da cana e do café; terra roxa, de rossa do italiano, que é a cor vermelha, como os colonos falavam, mas o caipira deu logo o nome de terra roxa e ninguém muda.

6. N.A.: Este autor imaginou que o amigo iria falar que é dele a história da famosa sopa de pedras!

te e nas laterais, com muitas janelas e na frente imponente escadaria em placas de pedra clara, parede branca aumentando o contraste do colorido vermelho sangue das janelas e portais, com portas e janelas almofadadas e os arcos perfeitos nas cambotas, com soleira, eira e beira"[6].

E, agora, eu conto a estória com base real da cantoria para vender pedra milagrosa na forma como imagino que teria ocorrido, mas peço desculpas se tive de aumentar um ponto, como é o costume de quem conta um conto – mesmo que seja o conto do vigário – e digo o milagre das pedras, sem contar os santos, nem as fontes de inspiração, na fala típica do *caipira* de certo interior paulista.

Sou da região da ferrovia Paulista, Iracemápolis ou *Racemápoli*, entre a Média Sorocabana e a Mogiana, antigas ferrovias, cujo falar quase não se entende, se não estiver acostumado com o *caipirês*.

O caipirês

Os indígenas deram o nome de caipira àquele que corta mato, depois é que virou nome de quem vivia na roça e no interior. No Estado de São Paulo, em Sorocaba, a fala caipira é de um jeito; Itu, Capivari, Tietê cada cidade fala de seu modo. Assim ocorre na região cafeeira da Mogiana onde Ribeirão Preto, Franca, Caconde, Casa Branca, São José do Rio Pardo também possuem suas características linguísticas próprias.

E, no Vale do Paraíba, Taubaté, tem a sua marca consagrada e o tipo interessante do matuto consagrado por Monteiro Lobato.

Na região sul no Vale do Ribeira também há características da fala caipira.

No litoral o *caiçara* tem outra fala.

Já no vizinho estado de Minas Gerais, no sul, há alguma similaridade, com o caipira de São Paulo; mas no centro-oeste as cidades-polo do Triângulo Mineiro são chamadas de *Beraba, Berlândia* e a capital é *Belzonte*. No norte de Minas e na Zona da Mata, o *matuto* diz que nunca sabe de nada, e *pra* que lado vai, mas vê tudo e sai de outro lado de *finim: num sei não sô*; e fulano: *inda num se apresentô puraqui qui tô sozim na ispera dum nigucim.*

Goiás e Mato Grosso eram estados que também possuíam seus *caipirês*, que guardavam muita similaridade com o "dialeto" paulista, mas foram subdivididos e sofreram um elevado crescimento da população, principalmente com a migração de sulistas, o que trouxe mudança no sotaque.

A língua portuguesa é viva, rica e muda pela boca do povo, porém, com as redes nacionais de comunicação a tendência é unificar a fala e acabar o regionalismo, uma vez que é muito forte a presença da televisão e redes sociais em todo território nacional.

O caipiracicabano

O *caipiracicabano* é um exemplo interessante no jeito típico de falar entre os diversos tipos da rica linguagem do variado "dialeto caipira".

A fala caipira é a junção do português arcaico com a língua dos índios, que não conseguiam pronunciar alguns sons como o *l* que deu no *r*, mais alguma influência africana e italiana. Em resumo há muita lógica na gramática caipira, cuja escrita e a fala procura manter-se igual ao que se fala ou se escreve; sexo de caipira vira *séquisso*; busca simplificar e encurtar as palavras; junta e troca *l* por *r; al* por *ar; os* por óis; *lho* por *eio*; *o* por *u; e* pelo *i;* engole vogais iniciais de palavras quando antes de consoantes tônicas – atrapalhar dá *trapaiá,* abacaxi é bácaxi, italiano vira *taiano*; e, igual aos italianos falando, não precisa do *s* final das palavras; arrasta e dobra o *r* da *poorrta laarrga*; muda o final do gerúndio *falando* fala *falano*, sem usar o gerundismo de *"eu vou estar falano"*, pois, o *caipira* não enrola é direto e *rolando* é *rolano*, faz logo *fazendo* em *fazeno*; e, simplifica a regência verbal, pois o plural é feito pelo artigo ou pelo verbo mantido o singular no resto da frase: *os ômi e as muié são poco ôji nas roça por mór de todos gostá de vivê mió c´oas coisa boa das cidade maió, sem lembrá qu'o crima de lá é pió qu'o naturar de cá.*

Arco, tarco ô verva?

Ficou famosa a estória do escritor piracicabano Cecílio Elias Netto[7], entre as delícias do dialeto caipira, aquela da frase do barbeiro da sua louvada cidade de Piracicaba, *Peracecaba* ou *Pircicaba*, onde até o trem, em vez de piu, faz *piirr*. O barbeiro que após ter feito a barba, com navalha[8], no cliente estranho, ao tirar a toalha quente do rosto

7. ELIAS NETTO, Cecílio: Arco, Tarco, Verva – as delícias do dialeto caipiracicabano. Volume-1, 3ª Edição. Editora Joruês. Piracicaba/SP. 119 p., 1988.

8. N.A.: navalha, que o caipira diz navaia, é uma ferramenta que caiu em desuso, mas deixou o apelido de "barbeiro ou navalha" a quem dirige mal, devido à raspada dela no rosto.

do, perguntou-lhe: *"o cabocro qu´é que* tasco *arco, tarco ô verva?"* E o forasteiro, tal qual um alienígena, ficou sem saber o que responder, quando era nada mais do que se preferia que passasse álcool, talco ou Acqua Velva, após ter sido barbeado e escanhoado.

A pedra que faz milagre

O trabalho faz o Homem que se faz e se transforma nele, mas nada cai do céu se cada um precisa comer e arrumar um meio de viver.

O canto é legítima expressão da alma de quem a tenha, pois agrada a si e aos ouvintes, inclusive como arte pode trazer resultado financeiro igual o mercado de pedras milagrosas ou não. As pedras milagrosas ajudaram o menestrel conhecer o sudeste do Brasil ganhando a vida cantando e vendendo sonhos.

Uma viagem marcou a história do personagem desde a chegada até a última aparição na fazenda de café. E, pode ter sido assim que cantor ganhou a vida e o amor e pregou sua filosofia caipira.

O homem andarilho escapou dos gansos-bravos, vigilantes da casa, que grasnaram anunciando a chegada de estranho, que se safou das bicadas subindo a escadaria da imponente entrada da fazenda. Bateu com a aldravia na porta de duas folhas almofadadas, com bandeira, e logo foi atendido por uma elegante senhora. Ele, com cara assustada e viola no saco, de imediato, perguntou pelo Sr. Pedro das Quantas. A mulher, exalando perfume inesquecível, em voz firme disse que ali não morava tal pessoa.

– Nossa Dona, e agora?! Que vô fazê c´oas pedrinha santa de Pirapora do Bão Jesuis?

A matrona, curiosa, perguntou do que se tratava, e o esperto matuto respondeu-lhe:

– É uma cumenda, pro nhô Pedro, Dona.

– Não diga?... encomenda de quê?

– Pra que na vorta de São Paulo, cumprasse um jogo de pedras de Pirapora de Bão Jesuis, pra dá sorti e saúdi prele, já meio véio e cansado, inda quiria se fortalecê.– Prossiga, moço, diga logo do que se trata.

– Nossa Dona, ele, Nhô Pedro morreu?

– Não! Eu é que não sei informar desta pessoa. Afinal, qual é a serventia das pedras e quanto este tal Pedro deve lhe pagar?

– Numa dúzia delas, eu dei vinte merréis, n´otras fiz uma breganha, na oreia, cum relógio de purso novinho em fôia, e ele falô que me dava quarqué lucrínho. Mái, se a Dona num sábi, num dévi sê religiosa, num dívia nem lhe contá. Elas é milagrosa, Dona, curam de tudo e de todo o pessoar. Elas brota na bêra do Tieter, lá em Pirapora, que pra piorá elas tamém tá ficano fraca. Pudera, cuntaminada c´oas porcariada e tanta merda que o povo joga no rio. Prisso memo, num custa isperá que o dia do juízo tá perto de chegá.

– Moço, por esta estrada eu escuto e vejo de tudo. A soleira da casa mais serve de muro de lamentação. Minha porta parece que tem postigo, como se fosse um confessionário. Quase nada daquilo que ouço é coisa boa e rezo toda noite pedindo perdão pelos meus poucos pecados e dos outros. Estou pronta para encontrar Jesus e meus pais, meus avós e o bisavô que não conheci e admiro muito, mas certa que deixo amigos para segurar as seis alças de meu caixão. Concordo que quanto mais o progresso chega, mais abuso ocorre contra a natureza e o divino e a poluição tenho visto que é tanta que a espuma, qual um manto sagrado, de quando em quando surge do nada para mostrar a maldade que tem sido feita tirando a vida do Rio Tietê. Não é de se duvidar que a contaminação das águas possa afetar o reino mineral tirando até alguma energia das pedras.

– Isso memo, Dona. Inda bem que cunsigui argumas pedra que na romaria o bispo bençoô.

– Nossa, estão bentas? Nesse caso, Moço, qualquer que seja a utilidade dessa pedra, muito embora seja pura matéria, já está aumentada pela energia divina nela incorporada. Em nome de Deus tudo é permitido. Pois, saiba e não duvide que eu seja muito religiosa, sem ser carola. Agora me recordo que uma vez me contaram de uma pedra que disputava com a Filosofal. Será essa pedra seu Moço?

– Credito que sim, Dona. Vô dá uns bão motivo da iguardade, tamém guardo na cachola minha filosofia caipira. Prendi na estrada da vida.

Milagres mais corriqueiros

Há muitas aplicações de pedras com uso medicinal popular, sem comprovação científica, que não estão inclusas na Geomedicina, um novo ramo da Geologia, que estuda efeitos concretos de sais minerais e outros resultados como águas termais, radioativas e banhos de lama para determinas carências ou necessidades do corpo. As pedras pelas dispares aplicações, sem dúvida servem mais para a mente. Vejamos alguns casos:

– Podi colocá n'água, quela fica benta; se se tem dor é só isfregá no lugá ô amarrá cuma gazi, que se num tivé, servi um pano firvído. Se fô dor de cabeça podi pô de bacho do travissero, que cura inté insônia. Vista cansada

e quarqué ôtra iguár, posso iguarmente jurá que rimédio mió num há, que colocá pedra por cima da parpebra, argumas veiz por dia, durmi bem, lavá iguár e invitá a tár da puluição, que pracá inda num chegô. Catarata é mar da veísse, mái cumpricado curá c´oas pedra o branco do cristar do zóio, mái num custa tentá; mái, se tivé só vendo vurto, pratanto num farta dotor bão cúlista.

– Podi crê que cura tamém ispinhela-caída.

– Discurpa a indiscrição, mái inté pra argumas muié, se já tivé presentado o tár do mar da idadi, elas acaba co´aquela quentura, cocêra e vermeião. Marido frio podi isfregá no bicho, que logo dá sinar de vida e levanta pronto pra trabaiá na cama. De sobra, inda ispanta sogra e traiz de vorta amor perdido, ele vem manso quiném carnerinho.

– Moço, desse mal eu já não sofro mais. Passei da idade e fiquei viúva pouco depois de casada, sem nunca ter tido motivo de cometer pecado carnal. Tenho dois filhos e quatro netos.

– Ora, a Dona, nem por mintira nem por gracejo, parece inda um brotinho. Tá, como se diz lá nas minha banda, inchuta!

– Moço, muito obrigada, é pura gentileza de sua parte, mas é sempre bom ouvir elogio. Ainda que possa não ser mais verdade, pois há tempo que não recebo galanteios, fico lisonjeada e com meu ego alisado tal qual suas pedras.

– Dona, não sô cego nem mintiroso, basta se vê no ispeio. E, no causo de criança, em veiz de viciá tomá rimédio deisde cedo, podi começá logo c´oas pedra. Se tá cum tossi a cura é rápida e dá pititi, acaba cum ramela dos zóio e c´ôs nariz iscorreno. Faiz disaparicê quarqué mar de ovido. Se passá tiquinho d´ora deitado de lado, c´oa pedra em riba da oreia, se nos dois, trocá de banda. Miolo mole de criança simiante a cabeça d´água, que

custuma provocá retardo, já teve causo de bão resurtado, incrusivi divurgado no jornar.

– Nos adurto, se mué, barriga istufada, se num é gravideiz, bão rimédio é quentá pedra e colocá no doente de barriga pra cima;. De sobra as pedra bota pra fora lumbriga de montão e inté a solitária desagarra. Adeus pras cólica de rim, c´oas pedras em riba dele. Mái tem de guentá ficá deitado de bruço argum tempo, pra logo iscuitá baruio de tanta batida de pedra c´oas pedra.. Doente de cara feia do margor da dor de figo, principarmente a bilí negra, libera aos poco a carranca, prisso memo as pedra é preta iguarzinha, pra cumbatê o mar cum mar, numa luta dos contrário. Basta botá umas par de noite as pedra marrada c´uma barriguera bem no lugá do figo. Mái, o desbotado tem de ficá isperto que só vale na lua cheia e tem de durmi de bunda vortada pr´ela pra facilitá a tração pra cara corá de novo. Riceita iguár pra cabá c´oa diarréia de rico e caganera de pobri. Intão, c´oas morróida de gente grande, chíii, de tão bão faiz mió que quarqué simpatia, só perde se guentá o bisturi do dotor no rabo, poi acaba cuela num piscá do zóio. Mái toma cuidado: se tivé pra fora, basta limpá bem a bosta e passá c´uma pedra lisa no lugá, que a coisa recóie tudo pra dentro do buraco, cum pôca veiz de uso. Bão cunseio nesse causo tamém é mandá pará de cumê pimenta, que só é bão no zóio dotro e tomá cuidado pra num custumá.

– Dor de dente, intão, é só ponhá a pedra na boca no lugá e ficá chupando iguár picolé, que logo passa sortá rizo de novo; nos miníno, otra riceita, cum dente de leite mole, quarqué um sabi que pra tirá duma veiz, só cum barbante marrado nele e numa pedríca; logo o valente dá de pinchá longe a pedra, que tira o dente num piscá do zóio. É pá, buf!, e num sorta sangui.

– Nossa, moço, tudo isso?

– Otros punhado de ispricação das pedra é: as mídala sara se rodiá o pescoço c´uma faxa sigurano uma pedra de cada lado da guéla, que podí usá pra miorá as fala das roquidão e as tossi. Gago, se num fô língua preza, o izempro vem de longe, basta prendê falá cum pedra na boca, que decha de repicá as palavra, cum poco tempo de treno. Iguarzinho Demóstene feiz lá na Grécia, que de gago inté a mocidade virô palanquero, de tanto falá cum pedra na bôca. Já nas brunquiti, infisema e chiado do purmão a facha muda pra riba dos peito, nos ômi e nas muié podi sê mêmo de bacho do sutião, que junto miora a beleza das teta s´elas já tivé dirrubada. Cabocro que pita ô puxa cigarro de páia, em veiz de mascá fumo, se custumá chupá uma pedríca, sem mordê, pra nun gastá os dente qu'é mái mole, logo para de cuspi, mióra o marálito e c´oa digestão. Custume mió que mascá chicréte quiném faiz os preiboi da cidade qu´imporcáia co´ele, junto c´oas bosta da cachorrada, as carçada, nonde só se vê, prisso e protras coisa mái, o povo andá cabisbacho, iguár quano tá parado na fila de banco. Uma pedra na parma da mão, se fizé t´odora zercício de abre fecha, mióra as artrite e a circulação do coração, se num fô muquirana.

– Boa sorte, quem credita em supristição, garante pra se, se levá de talismão uma pedra no borso, na borsa, na corrente pindurada no pescoço ô no patuar. Pedra vermeia na cabicera da cama ispanta zóio gordo e mar oiado.

– Isso mesmo, Moço, eu sempre mantive em casa alguma fita vermelha contra quebrante. Gosto muito de usar acessórios de pedras no dedo, na orelha e no colo e no cofre tenho algumas de estimação. Já os trabalhadores, muitos guardam tradições trazidas da África e praticam alguns dos seus conselhos.

– Deitô cansado e levantô discansado é bão sinar de saúde. De pé é caminhá de cabeça erguida, sem nariz impinado. Pé cansado, agora Dona, num dianta duvidá que posso provà. N'ora de deitá, nada é iguár uma bacia c´água quente sargada, cum meia dúzia de pedra pra rolá c´ôs pé; cába c´oas friera e micosi que provoca chulé; as pedra rolano decha as sola fina, os calo sorta, os joanéte indireita e limína os carcanhá rachado; de sobra livía as dor nas batata das perna e servi pra judá cumbatê as varizi. Se quizé cumpretá o sirviço podi usá otra pedra, qu´ela de vurcão, a pomi qu´os taiano trossero junto pra raspá os cascão dos pé, mái num usa na cara que isfola inté os "cara de pau".

– Óia bem, bão de dá gosto, se fô um casar é um ficá sentado de frente protro c´ôs pé n´água. Prisso o marmanjo priciza se cuidá e cortá bem as unha dos pé.

– É verdade! Nisso, o Moço, tem toda razão. Há muitos homens que não cortam as unhas dos pés e joanete não tenho, nunca abusei do salto alto e o exercício de ponta dos pés do balé não deu tempo de deixar sequelas.

– Hiii, Dona! Discurpe a liberdade, mái, já qu´é bailarina, se tivé pelado, pra num moía as rôpa, é só um isfregá o pé d´otro, as pedra rola junto e no vaivém, logo, vira um rola-rola, que sem dá rôlo a rôla dá de rolá, c´um rolano c´otro tamém; sorta tanto calor de dentro e de fora, qu´o sangui sobe dos pé inté as cabeça, vai e vorta. Quano num geme sem dor, sorta grito d'alegria e urro n'óra agá. Mái, no iscarda pé, toma cuidado no temperá c'água, que pedra preta isquenta pra tirá o côro de muito macho, que se num tivé dando no côro o mió socorro, nun dianta isconde, Dona, é o das "pedra azurzinha" da moda. Quem já provô, nunca ispáia, mái vorta o brío no zóio e fica de morar levantada, roncano papo que guenta o finar do tempo, quano num fala quiném tipo político que

falô, que fa-lo-ia indotro c´ô fálo. É coisa sobrenaturar, milagre no duro, quinverte o domínio da mente e o corpo comanda tudo. Como nóis vai vê é a verdadera filosofia da morar levantada, que servi de chave da porta do céu prum e a do inferno prosotro.

- É verdade! Ainda que não possa opinar além do escalda-pés, nada melhor que uma bacia com água salgada quente para aliviar meus pés, depois de um dia estafante de caminhada pelas minhas terras usando bota. Já estou convencida desta utilidade das suas pedras.

A Filosofia Caipira

– Ói Dona, o mundo tá desabano! Nada mái é segredo na mente. Poc´importa s´ela mente! Tudo começô bem quano lá na Grécia o Sócrate separô nóis da mente, c´oa idéia dominano o corpo. Mái o busado do Irácrito decifrô nossa sina, inda bem que falô em grego e nóis nunca captamo a mensage: que quano nóis travessa um rio, notro lado nóis num é mái o memo, nem o rio tá mái iguár. Água já tinha corrido pra bacho e nóis tava mái véio!

– É verdade! Coisa simples e de sabedoria. Tudo se transforma! O novo no lugar do velho, num eterno retorno.

– Hiii, Dona, inda bem que o tár do Aristótele, que era memô o tár, mostrô que teve um puntapé iniciar; que a Terra era a morada de Deus e o Sór girava em redor dela; qu' arma da gente que dominava o corpo que dilimita ela, mái ficava no coração só dos ômi. Já que prele muié e iscravo num tinh´arma; e, arguns animar surgia do nada, iguár ele achava que o piôio nasce do nada na cabeça de nóis; os rato da sujera e as mosca varegêra das carne podre. Tudo por geração ispontânia c´oa inergia vitar.

O Santo Grão

– De minha parte, Moço, num gostei de mulher sem coração e sem alma tal qual o escravo. Entretanto fique sabendo, Moço, que gostei da sua lição sobre pedra e vou lhe dar uma liçãozinha do nosso Santo Grão, com boa xícara de café acompanhado de pão com meu melhor mel.

Fique sabendo cavalheiro peregrino, que nesta fazenda mais que centenária, meus antepassados aboliram o trabalho escravo antes da Lei Áurea. Pelourinho? Aqui nunca existiu nem a senzala! Não tenho o pé na cozinha e a serraria aproveitava a madeira da derrubada da mata e dava tábuas para as construções da fazenda e casas dos "escravos" ou alforriados que labutavam na lavoura. Depois da chegada dos trabalhadores alemães na Fazenda Ibicaba, do Senador Vergueiro, em Limeira-SP, os imigrantes italianos começaram por estas bandas a troca da mão de obra escrava. Eram colonos de trabalho braçal, parceiros ou arrendatários.

Quanto às moscas aqui se leva em conta a higiene em primeiro lugar e tudo se lava bem.

Na fazenda fazemos compostagem do lixo misturado com o estrume do gado e as sobras das folhas e da casca da limpeza e beneficiamento do café. Abolimos os adubos químicos e fazemos uma lavoura autossustentada.

O nosso café arábica é de qualidade para mercado externo e interno gourmet. A colheita do café aqui não é mais feita manual pela derriça, mas pela apanha seletiva do fruto cereja da rubiácea. Dá mais trabalho, porém melhora a qualidade do grão predominante do tipo bebida mole e um pouco duro. A primeira secagem, após a limpeza e lavagem, é feita ao sol no terreiro sendo completada na máquina de dupla ventilação cujo calor vem do vapor da caldeira aquecida pela queima da casca do café.

O café secado é guardado na tulha e na véspera do embarque é descascado, classificado, ensacado e despachado para o porto ou indústria. O ouro verde tem sido uma ilusão.

A florada do cafezal, só quem já viu uma, sabe da beleza efêmera, ainda que a tenha captado nas pinturas de Portinari ou ouvido na cantiga de Cascatinha e Inhana, lançada em 1967, da letra de Luiz Carlos Paraná[9]. É aquela brancura que cobre o verde das folhas e domina a paisagem por três ou quatro dias, nunca passa de uma semana, que chega 10 dias após as chuvas de fim de inverno entre o final de setembro e outubro, sete meses antes da colheita. O horizonte fica coberto pelo *"véu de branca renda qual um manto nupcial"*. Tudo pode acontecer para aumentar, diminuir ou derrubar a florada. A seca, o vento e a chuva forte, que se for de pedra acabou o sonho da safra boa. O segredo para aumentar o tamanho, qualidade e quantidade

---

9. Meu cafezal em flor!
(composição de Luiz
Carlos Paraná)

Quanta flor, meu cafezal!
Meu cafezal em flor!
Quanta flor, meu cafezal!
Ai, menina, meu amor!
Minha flor do cafezal!
Ai, menina, meu amor!
Branca flor do cafezal!

Era a florada
Lindo véu de branca renda
Se estendeu sobre a fazenda
Qual um manto nupcial!
E de mãos dadas
Fomos juntos pela estrada
Toda branca e perfumada
Pela flor do cafezal.

Meu cafezal em flor...

Passa-se a noite
Vem o sol ardente e bruto
Morre a flor e nasce o fruto
No lugar de cada flor;
Passa-se o tempo
Em que a vida é todo encanto
Morre o amor e nasce o pranto
Fruto amargo de uma dor.

Meu cafezal em flor...

(Link: http://www.vagalume.com.br/cascatinha-inhana/flor-do-cafezal.html#ixzz3h91ogV1L)

de frutos está na polinização cruzada dessa flor hermafrodita, cuja fertilidade melhora graças as nossas colmeias de abelha *Apis mellifera* africanizadas, nova versão do trabalho escravo nos insetos. Com isso temos garantido, com as abelhas, aumento de até 168% de polinização das flores, com acréscimo de no mínimo 5%, com média 13% e já chegamos a 40% de frutos nos galhos dando até 16 quilos de grãos por cova de planta sadia pela adubação orgânica. Trabalho árduo, não apenas das abelhas que em curtíssimo tempo tiram o néctar de uma flor e levam algum pólen às vizinhas para fertilizada dar fruto. Por isso, as abelhas também, igual o homem, não são viciadas ao trabalho mais fácil, pois perdem a função de polinizadoras quando são atraídas pelo melaço da soqueira da cana da região e piorou a situação, uma vez que têm sido dizimadas pelos "ofensivos" agrícolas jogados de avião para proteger os canaviais. Saiba que sou apicultora premiada pela qualidade do meu mel. Mas, forasteiro, tem dia que de tanto ver abelha morrer e ter de caçar novos enxames dá vontade de parar de "mexer" com mel, que continuo por capricho e para ajudar na polinização do cafezal e das demais plantas da região cuja florada é quase contínua motivada pelo nosso microclima.

Qual praga vinda da escravidão todo trabalhador diz que pela florada "o cafezal um ano veste a si outro ao patrão".

Se tudo que já se gastou, com plantio e no replantio, com defensivos, na estocagem, na erradicação e até na queima de café estocado, for mais bem avaliado, com juros, é possível que o negócio empate. Sobrou pouco da arquitetura dos casarões dos barões do café no bairro Campos Elíseos e nos arredores da Avenida Paulista. O lucro, como sempre ficou no aumento do capital do banqueiro.

Falta política do café desde os tempos da Colônia.

A produção de café da fazenda hoje é muito menor, mas a qualidade melhorou muito, pois é certificada com selo verde pelo controle rígido da produção e nosso produto é classificado como bebida fina. É uma tradição que tem passado de pai para filho.

– Dona que maravia escuitá tár lição vinda da boca de tanta sabedoria cá boca moíada de tão saboroso café que nunca na vida tomei parecido. Intão, sorvido nessa chícra fina c´o brazão da fazenda da sua famía cum ramo de café cruzado cum machado, vô ficá cum fetiço do mel. Dá inté vontade de puchá uma páia de cigarro que bandonei fáiz tempo. Hummm! Ói que delícia, tem chero, paladar e fragrância sem iguár. É um café precioso, dos bão. Faiz lembrá a escala das pedra preciosa invertida, pois café mole é o mió e a pedra mole a pió. A linha começa e termina no carbono, o grafite tão mole que quarqué um s´ingana qu´o lápis risca o paper, que na verdade o fato é o oposto. Duas coisa numa só. O diamante risca tudo e iguar o dinheiro diz-se que compra inté o amor verdadero, s´é o mió amigo das muié. De tão duro num se conseguiu grão tão mole iguar pra se chama café diamante. Intão, o mió café é o minerar abaixo do diamante na escala de 10, qu´é o corindão nas variedades vermeio sangue, o rubi dos aner do adevogado e o mais puro sabor da rubiácea; e, a safira na cor azur anir do aner do engenheiro c´a delícia de café quase mole. O topázio imperiar de cor café da escuma típica da marca que fica na chicra é meio mole o grão e dá um café muito bão. A esmerarda de cor da fôia de café sadia dá uma bebida fina da mão professora gasta de giz, o minerar gipsita de dureza dois da escala de Mhós, pedra verde do aner das professora, o berilo, que tamém consagra o da mão santa do médico no juramento de Hipócrates. O quartzo de dureza sete pode ser incolor, marelo citrino, esverdeado do

prázio, o marrão do morião e o violeta do aner do bispo é a metista que dá o inicio da escala dos café fino.

De boca sem margor aumentô a vontade de falá que tô lembrano da Lei da minha querida Princesa Isaber que libertô os escravo que prô sabidão grego num valia nada e tinha um montão pra atendê suas necessidade e capricho. Prissomemo vou falá már do tutor do grande conquistador Alexandre Magno, que nem sabia das frô macho e fêmea numa só e que nos animar de dois pé apenado, quando tem as duas genitar, só um lado do séquisso vinga, sendo urtimamente dificir de sabê na gente que passô da puberdade de quar lado a pessoa tá, se o químporta é o ser humano em gerar não o particular de cada um. Intão foi que o mardito botô suspeita da virilidade nos cabra macho sem medi as varas de cada um. Pió Dona, desse verdadero patífe, foi ele tê maginado que ômi de vara grande num fazia fio, quinté a pôrra chegá na ponta da pica isfriava; sem sabê, que nóis somo de sangui quente, cum temperatura sempre iguár; e, que tamanho de vara num é ducumento e tamém num vale nada rico de pinto mole na frente d´um duro de pinto duro. Intretano, ômi frio tá acabano e discubrino, iguár as muié, que bão memo é companhá o tár Epícuro, um edonista que lá na Grécia já dizia que nóis tem de buscá o prazer ne tudo e sorfetiá.

– Caramba! Sempre soube da máxima "margister dixet", ou seja, o mestre falou está falado, mas nem me lembrava da frase ser do grande Aristóteles, cuja filosofia serviu de base aos conceitos cristãos, que Tomás de Aquino e Santo Agostinho souberam usar tão bem a favor dos crentes. Ademais, muito menos imaginava a relação da dureza invertida do café fino e com a escala das pedras, com o sabor da bebida pelas notas das cores. Já que o diamante possa tirar a pureza do amor verdadeiro há certamente controvérsias na literatura e na vida.

Ademais, eu sou professora primária e de química, por isso não uso anel para evitar o ataque pela água régia, procuro usar os conceitos elementares da ciência na conservação da natureza. Você é bom observador por notar a nossa marca na xícara e no café *gourmet*. O café antes de beber já desperta o sentido do olfato, com aquele cheiro que nos chama para saborear; depois vem a visão na cor intrínseca do grão quando passado no coador ou naquela cor marrom dada pela consistência da espuma quando feito na máquina; e, na língua cuja ponta faz o papel do tato medindo a temperatura e sente o primeiro gosto, que muda nas laterais e na parte posterior cujas papilas diferenciam os paladares do buquê do café. A audição não vem do grão, mas do suspiro do degustador que solta sempre aquele "hummm" ao sorver um gole de produto fino! O bom café na xícara depende da terra e do fruto além do seu processamento e da torra; e, no final dos quatro M, da mucilagem tirada pela fermentação ou não do grão, da moagem do grão, da máquina que prensa o pó e solta o vapor e da mão do barista.

Quanto ao tema picante confesso que não tenho nada a dizer. Além do mais, a vara do professor é outra e nem a de marmelo é do meu tempo de aluna.

– Nossa Dona tanta coisa chega antes na boca do pobre bebê café, quano tem, qu´ele nem sabe das delícia pra matá a fome. Só de prendê degustá café já valeu a pena minha sina de menestrér. Tô cum medo de saí picado pelo mer d´abeia premiado.

Mái, óia bem Dona, nóis táva bem cá na Terra quano o taiano Galileo c´ô seu telescrópio mostrô que nossa Terra, morada de Deus, num tava parada no centro do

Niverso. Sem lúiz própria, qu´ela é um praneta, cu´nóis nele girano feito bobo no redor do Sór. Inda bem qu´ele se sarvo da foguera, sem mudá as vorta da Terra, e pros padre renegô e inté jurô c´oa mão na Bíbria qu´era mintira. Mái o disgramado dechô uma brecha, qu´ela se movia! Intão deu na mema coisa e as coisa só tão piorano pros lado dos crente. Nisso ele tirô nosso sonho de podê lê tudo dia no jornar nosso oróscropo, se é tão bão levantá e sabê o nosso distino e o que nóis vai fazê!

– Nossa, Moço, vou ter de refletir melhor quanto ao sistema solar e a casa de Deus, assim como rever minha necessidade de ler meu horóscopo todos os dias na esperança de que ele pudesse ajudar no dia a dia, se não no destino.

O fóssil explica!

– Dona, cada bissurdo todora paressi. Tudo tava tão bão c´oas trêis coisa numa só, o Pai, o Fio e Ispríto Santo pra mandá ne nóis, c´oas Pedra da Lei pra nóis bedecê. Os fios de Deus rico feliz da vida dum lado e dotro os pobri pagano os pecado passado, presente e futuro. Mái tem cada ispríto de porco, Dona. Demorô mái vortamô de novo nas pedra, por mór dum famoso ingrêis, Carlo Darvi.

– Minha Nossa Senhora, eu gostava tanto das aulas de ciência e ficava em dúvida quanto à origem da vida e a evolução dos animais. A nossa Bíblia realmente não serve de modelo de criação da vida. Adão e Eva nem valem como metáfora. Exceto, se usarmos como exemplo avançado de clonagem de um ser humano a partir da costela do outro. Prossiga com sua filosofia, que estou vendo que não é nada caipira.

– Credita qu´esse mardito desnaturado achô o fio da meada de nossa volução na natureza. O verdadero caminho das pedra. De tanto ele istudá e compará as pedra e os animar, argumas pedra c´ôs bicho dentro, os tár fóssir, daqueles que nóis caipira acha de montão nas pedra de carcário lá em Limera e Rio Craro, deu de ligá um bicho c'otro, inté achá nóis no finar da linha. Óia só o marvado, cum cara de santo e a freuma de ingrêis ligítimo, trabaiô em casa e iscondido, contano da viaje dele por meio mundo comparano as pedra e os bicho que viu. Sábi qu´ele inté ando fazeno esses istudo no nosso litorar, mái bastô a muié dele qu´era das nossa, riligiosa meio carola, í pro beleléu, qu´ele caiu na vida. Botô as aza de fora e comparô as aza das avis, os bicu, os pé, as pena. Achô tanto bicho novo e crassificô tudo na escala de simpres pra cumpricado, arguns tão desapareceno de tanto qu´os ômi civilizado mata por matá. Prisso, num se entende, tem arguns que só se vê no museu que tão proibino criá nas jaulas e no cativero. A curiosidade e tár que vai vortá o jogo que o Barão de Drumond[10] começou pra sarvá o zoológico expondo cada dia um bicho dentre 25 deles, que pagava um prêmio pra quem acertava na cabeça aquele do dia guardado pendurado no arto do poste. Agora, vui ganhá na milhar quem acertá no bicho que vai desaparecê primero.

---

10. O abolicionista Barão de Drumond, em 1892, para incrementar a ocupação da Vila Isabel pelos seus loteamentos, na cidade do Rio de Janeiro, abriu um zoológico que dava um prêmio aos visitantes que acertassem o nome no bicho que deixava pendurado no alto do poste que no final do dia descobria a gravura. Logo virou um jogo de azar popular, com 25 bichos, com quatro números sequenciais cada até a centena do último, o vinte e cinco da vaca, que, em vão, foi colocado na contravenção e muito ligado aos patronos das escolas de samba do carnaval

– Disso não posso duvidar. Aprendi com meu velho amigo geólogo Everaldo Gonçalves, que uma ocasião sem saber bateu seu martelo numa banda das minhas terras férteis. No reencontro me ensinou o caminho das pedras até surgir esta paisagem maravilhosa, com as diferentes rochas e seus solos de alta fertilidade originado pela alteração do basalto, ideal para o café. Para completar, ainda disse que nesta região houve um grande derrame vulcânico e aqui no Paraná ocorrem fósseis semelhantes, no nosso xisto betuminoso, em Araucária, do qual a Petrobrás extrai óleo. Também comentou que no nosso litoral o Charles Darwin fez estudos e alguns geólogos daqui, inclusive o ajudaram mantendo correspondência e enviando material de estudo. Para completar passou na lupa, uma a uma das minhas joias de família, comprovando a autenticidade das minhas pedras. Ainda afirmou que o anel de formatura de meu avô era dos raríssimos montado em legítimo rubi de Burma, pois, segundo meu amigo, a pedra vermelha que anda na mão dos advogados é geralmente uma fantasia lapidada de cristal artificial de coríndon. E, que o anel de professora leva a pedra verde da turmalina, para mostrar paciência e a sabedoria das mestras.

– *Inda bem que a Dona sabe das coisa e teve um professor de pedra e eu só sei das qu´eu vejo na bera do caminho. Mái, se tá gostando da prosa, vô prossegui. Daí foi que o Darvi achô que os bicu dos beja-as-frôr, prisso foi cumpridano pr´arcançá o fundo delas, qu´em troca levava os póli por mór de fertirizá as ôtra. Maginô que a vida surgiu sózinha n´água cum arvéolo só, que dispoi se cumpricô e foi se murtipricano inté chegá nos vegetar e nos animar.*

– Moço, afora os ensinamentos da Bíblia, tudo isso faz sentido.

O começo de tudo

– Óia só o cumeço da sacanage, Dona. No início era tudo puro, num tinha séquisso pra si murtipricá, um virava dois e na partissão prosseguia cada um dum lado se dividino. Iguár inda faiz as bactéria, que come a gente, e as levedura, que respeita a castidadi, na cuba que faiz o assuca virá arco. Num teve perdão, pra diversificá os indivíduo e as ispécie, logo um juntava c´otro e dava um jeito de se cruzá e pecá. Os bicho era moli e tivéro de formá carapaça por fora n´arguns e isquileto por dentro n´ôtros, inté virá no pêche, cum sangui, boca, dente, istongo, zóio, guér-ra, ispinha, barbatana e carda pra se muvimentá n´água. Vê se podi, o sapo em veiz de virá príncipi quiném nóis sabemô dos conto de fada, se recebi um bejo da Branca de Neve, ele veio é dos pêche e vira réptir iguár jacaré. O batráquio sorta ova que vira girino, perde o rabo e as barbatana muda nas pata. Nos réptir quiném o jabotí e a tartaruga, e inté argumas cobras, c´oas perna recoída, dero de passá a botá ovô e arrumaro um pênis, iscondido dentro do corpo frio, pra podê copulá. Cobra enrolano notra é pura sacanagí, mas se tive brassada co´tro bicho tá esmagano pra mór de matá e comê! Prisso Dona, toma cuidado cum cobra quano andá sozinha no cafezar que a tar da cascaver dá sinar c´ô chocaio balansano no rabo e é tiro e queda no bote se num tá de bota.

– Olha, Moço, tudo isso é verdade, pois aqui na fazenda, que é antiga temos muitos animais silvestres e outros domesticados, sendo que qualquer trabalhador sabe como eles nascem e fazem sexo com naturalidade. Medo de cobra, que mulher não tem? Se até homem que é homem corre dela. Para nossa segurança adotei o uso de bota ou perneira tendo o ganso sinaleiro e galinha d´angola como predadores naturais de animal peçonhento. Há anos não temos feridos por cobra na propriedade que no passado teve caso de óbito na derrubada da mata e na limpeza do cafezal. Porém de garantia, na geladeira, no lugar de vingança, aqui na fazenda nunca falta soro antiofídico para nos proteger do perigo. Vá em frente com sua evolução erótica.

– *Brigado pela bisservação. Agora intendi do motivo da farta de cachorro na casa latino na chegada e a da baruída dos ganso fazeno eu subi corremo a escadaria cum deles tentano bicá minha cobra. Nunca vô isquecê dessa lissão da cobra. Êpa, pra num desviá da cobra, no sinar de bão parpite pra jogá no nove na cabeça do bicho, podi cunfiri a sem-vergonhice dos bicho! Intão, a Dona num sabe quár é o macho dos jabotí, vô falá: a casca do macho na barriga é fundada pra dentro e da fêmea é istufada pra fora, por mor dele podê trepá nela. Uma óva essa patacoada, do sarvadô dos segredo da natureza qu´inda vem dizê sabe o quê? Que os réptir, de sangui frio, seguiram dois caminho. Um deu nas avis, que cum pena e ôsso ôco podi batê aza e ganhá o céu; ôtro, os mamífro ganhô quatro pata, pêlo, chifre, têta, figo, istongo, rim, purmão e coração mió, pra isquentá o sangui, podê andá, se defendê e dá de mamá pros fio.*

– Tudo verdade!

– *Pra num iscuitá essa, pode tapá os ovido, Dona! Que pra fazê os fio, os bicho de sangui quente, botô o pinto pra fora e os bago tamém, bem guardado num saco, pra bachá a temperatura no isperma; e, nesse causo, vai vê tamém pra dá legria pros "pucha-saco". Miorô do lado de fora cô´á vara à vista das muié mái piorano qu´a coisa mole isfolano n´ora de trabáio duro e cu´isso teno de protegê as genitar cobrino as vergonha cô´á tanga. Hiii! Esquentô de novo os bagos qu´incrausurado nas sunga nos ômi e no tár de fio dentar nas muié tá tudo mundo ficano frio. Pra compretá, o segredo do tamanho da genitar só ficano sabeno quano já vai começa aquele jogo tão geniar, sem a presença de juiz de páis. Nessa o grande Aristótele se ferrô, heim Dona!*

– É verdade, Moço! O Mestre, um sabe-tudo, guardada a distância da ciência atual da evolução, conhecida há apenas 150 anos, e aquela de mais de dois mil anos de Aristóteles. Ele errou feio no caso dos animais de sangue quente. Quanto à roupa, aquela finalidade original da proteção do corpo das agruras do tempo está mesmo invertida para atender o mercado da moda que cada vez cobra mais para cobrir menos e esquentar aquilo que pelo visto não deveria nem esconder. Prossiga que cada vez mais me lembro da escola e estou curiosa com sua fala sábia objetiva do falo.

– *Brigado de novo pelo ilogio. Intretanto, andá de quatro num tavá bão e uma turma de bicho deu c´ôs pé pelas mão e se levantô. Agora a coisa ficô trapaiada pro nosso lado. A mão judô os bicho subí nas árvre, que já tinha saído primero d´água e dominava a Terra mêmo tano parada fincada no chão. Mái, num tava legar a mão dos macaco sem pegada. De tanto forssá a mão pra subi nos gáio os mió foi se daptano e venceno os ôtro. É a tár da seleção naturar e os sarto pra mió cu'indivído de sinar dominante levano vantage! Quano um feiz dum pau um porrete e duma pedra, veja a danada de novo, um martéio, qu´é uma das mió invenção de nóis, a luta pela vida mudô. Num sobrô prosôtro. Era um tár de tacá pedra, bate-pau, furá a terra, procurá um ponto de poiá a labanca pra removê o mundo, qu´inda num conseguiu, mái tá chegando lá. O milagre chegô cum lejão de dedo torto, que era mió de segurá. O defeito era dominante e passô pros fios e divagá, de tanto os antropoidi usá as mão, aos poco o dedão virô de lado de veiz. Que maravia, o bípede sem pena, perdeu o rabo, passô a senti frio e calafrio, caminha de pé, deu de pinçá as coisa e trabaiá. No trabáio os ômi foi se fazeno e fazeno as coisa.*

– Nossa, Moço, você conseguiu em poucas palavras resumir bem toda a Evolução de Darwin. Parabéns! Vamos ver como se sai na visão social.

– Anssim, Dona, fico desinchabido, o que eu sei mar dá pro gasto. Vamo lá. Os ômi e as muié deu de pensa pra fazê as coisa. Passô a fazê as cumida, as rôpa, as prantação, as firramenta e as arti. Um pricizava dá sinar protro e tivéro de miorá os tambor, as mímica, os ruído que sortava da boca. Disso deu qu´o quexo incurtô, a garganta miorô, a língua incumpridô pra dentro da boca, que começô a mechê os lábio, quingrossô. Danssim foi que virô tagarela de tanto sortá ruído, qu'a boca judô a mente articulá e formá as palavra, que foi juntano e dano as frasi, a prosa, os verso e as cantoria. Prendeu prantá e passô a vivê num memô lugá, que virô as famia, as tribo, as comuna, as cidadi, os estado que tivéro de se organizá. Trocô a liberdade pela segurança e dexô de vivê só c´ô suficiente pra consumi as coisa que num precisa.

– Que maravilha de fala, Moço, tudo certinho e rimado com o que aconteceu. Vá em frente, pois estou curiosa e fascinada pela sabedoria nada popular.

– Dona fiquei inté rubro qu´essa. Vô tê de caprichá no causo. No cumeço era o matriarcado, as muié mandava, já que ninguém sabia quem era o pai, se tudo mundo furnicava cum tudo mundo, iguár tá vortano. Dispoi veio o patriarcado, os ômi derô de valente e guentaro sustentá as famia e puzero as muié pra cuidá da casa e dos fio que gabava, mái num podia garantí qu´era seu. Ôji, Dona, tá

tudo bagunssado e ninguém sábi dizê o que é uma famia, um estado e o mundo. Séquisso nóis sábi que é pra nóis fazê os fio de Deuz, que dá pra nóis a cumunhão universar da carne. Fora disso é pura sacanage e pecado mortar, que já me falaro que tá seno pago, cuma nova duença ruim da praça. Isso vai piorá o inferno, que tamém tá cheio.

– Pura verdade! Eu sou pelo matriarcado! O homem, igual os demais machos, é conquistador contumaz que procura perpetuar a espécie, mas não sabe garantir a prole que é mais bem cuidada pela mulher que a gestou. Siga com sua sabedoria.

Deus Negro

– Intão, Dona, agora gostei, botô pra quebrá, tar quar esse Darvi provô na batata, contra nóis, que nóis semo do memô lugá, do ramo dos macaco qu´é nosso parente de longe; um bicho vem dotro e vai, anssim, voluino cada veiz mái, inté chegá ne nóis. Perdemô os pêlo, a péle lisô, pra miorá o tato e ripiá na cama; e, pra quilibrá de pé cresceu as mama, redondô a bunda, o quadrir largô. E, pôca vergonha, démo de bejá na boca e fazê as preliminar cum séquisso orar, inté jueiado sem rezá, pra curminá no trepá de frente, cum zóio no zóio, que deitado pode inté revirá os zóio no orgásmio. Pura perdição! Inda pra piorá, Dona, os que segu´ele fala que num tem Deuz nada, tudo pura imaginação dos crente, que nóis viémo do pó de pedra arterada e pra trapaiá nóis usa as própria palavra da Bíbria: que nóis inda vamô vortá pro pó, que vira pedra de novo. Mái eles dão uma portunidade pra Deuz izistí. Nesse causo, s´Ele feiz o ômi tár e quár sua cara logo resurta que Deuz é negro, de veiz qu´o primero ômi

surgiu n´África e tudo mundo sabe qu´esse nosso irmão era negro ritinto.

– Virgem Santa! Agora eu que preciso de pausa e tomar um copo d´água que tem muito negro na lavoura de café, alguns netos de escravos. Nunca havia imaginado tal situação. Faz todo sentido e se encaixa com a evolução das espécies. Uma vez que foram os brancos que difundiram o cristianismo, a imagem de Deus foi sendo passada como sendo de um branco, de barbas brancas e olhos azuis. Mas, se o ser humano tivesse sido feito mesmo a imagem e semelhança de Deus, já que o primeiro homem era negro, de fato Deus só poderia ser um belo negrão. Essa é de dar o que pensar e rever conceito. Prossiga com sua falação, Moço.

– Dona seu pedido é uma ordem e vô caprichá nela. Danssim Dona, o mundo tá girano, ora nóis tamo de cabeça pra bacho, ora pra cima, minguano e tão acabano c´ôs nosso mistério. Num tem mái mula-sem-cabeça, saci-pererê, nem curupira, que tá sem mato pra cuidá devido os caipira legítimo de motosserra, que acabarô c´oeles; sombração, lobisômi e os vampiro só tem no cinema. Dero inté de cremá os difunto, nada mái que queimá os corpo da gente iguár no inferno. Danssim, nóis num vai mái pudê jueiá e rezá nas sipurtura, se num tem cóva nem corpo do morto pra bençoá; e, as cinza, basta ispaiá na terra ô jogá pro vento levá, que tudo vorta pro memo lugá.

– É verdade!

Matéria e Mente

– Presta tenção pressa, Dona, se nunca iscutô falá dum lemão barbudo, podi fazê o sinar da cruiz qu´ele iscreveu um "Manifesto" que serve de Bíbria dos desar-

mado, no quar num dechô pedra sobre pedra. Pra cumeço de cunversa falô, cruiz credo, "qu´a religião é o ópio do povo!". O mardito viveu na Ingraterra, sem dinhero e arrazô c´ô capitar. Lavô as arma dos pobri quano pegô a idéia do rio que muda os ômi que travessa suas água e cabô co´a arma dos ômi e das mué tamém. O safado despatriado e sem arma, mái de coração bão, sinfruençô c´ôs mar custume do "Luminismo". Leu tanto que perdeu a opinião pópria e baralhô a mente. Disso deu na tár da diarética materialista, um muntuado de mintira que fala que busca à verdade das coisa naturar e sociar. Óia só, Dona, no que dá num sabê separá o joio do trigo. Um ômi no fundo bão, casado c´uma muié nobre, sofrido, lutô c´um dificurdade pra cria os fio, uns par morreu criança. Tinha um parcero industriar que bancava as locurada dele, mái, sem sorti, num teve jeito na vida. Gastô tudo pra iscrevê o Capitar sem capitar, mái fracassô, já qu´o resurtado mar deu pra pagá os charuto que tanto fumô. Coitado! Misturô as idéia quano juntô c´ôs materialista, c´ôs socialista, c´ôs iconomista e bagunssô tudo, c'ô seu saco de mardade. Tirô sem dá um tiro a arma de nóis ômi e das muié, principarmente das muié compradera, e colocô nas mercadoria. Falô qu´elas sim tem vida, tanto quinté quano tão nas vitrine nos óia sedutora chamando nóis pra comprá ela. Ningué sabe mái vivê c´o suficiente. Diz que é o tár do fitiço que vira a cabeça da gente que faiz comprá quarqué coisa. Cabô cu´nóis crente e levô junto os burguêis. Tudo do nosso corpo, pr´ele é matéria, qu´ela é que governa as cabeça e o dinheiro o mundo. E, inda mostrô pros proletário qu´eles é otário, que nun dianta trabaiá, se o trabáio num inobrece, coisa ninhuma, os ômi e nem as muié, muito menos as que têm de se vendê a si mema, prôtro pra abusá dela na cama, sem ôtro meio de se sustentá. Essa é bôa: o trabáio de muitos murtiplica o capitar dos poco, que controla o capitar, prisso o mundo é desiguar; ispaiô que a curpa do pobre num tá nele memo, nem no distino, mái nos chupim que vivi nas custa dele. Vê se pod´isso intão: que nóis tinha de proveitá mái a vida na terra, que num tem dono, Dona, sem um proveitá d´otro. Nesse causo, intão, rigistro de terra e cartera de trabáio num vale nada! Só fartava essa! Coisa de vagabundo, loco pra confirmá qu´a propriedade privada é um robo e o trabaidô se vende aos poco pro capitar.

– Moço, sabe que eu na Faculdade de Filosofia, Ciências e Letras – FFCL, lá nos meus bons tempos de estudante da Velha USP, tive uns colegas que eram comunistas, alguns entraram para a luta armada e deram a vida pela causa. De muitos perdi contato, sendo certo que a velhice endireita os jovens que sonham com a utopia de mudar o mundo! Eu já li alguma coisa desse assunto que toca a alma da gente, mais do que a Bíblia. A prática é que tem sido impossível, pois no poder a esquerda fica igual ou pior que a direita e usa a cruz e o diabo para ficar no Poder. O materialismo cai no consumismo também e no culto à personalidade. Vá em frente, fala tudo desse barbudo machista que na rua defendia o proletário, mas em casa fez um filho na empregada enganando a pobre mulher nobre.

– Hii, óia lá Dona, inda bem que sabe desse das sacanage desse tár Carlo Marque, mái fique certa duma coisa: Ele inda num morreu. Num parô de mechê c´oas cabeça do povo, muito vivo, garantiu qu´as diferença tá piorano. O mardito, qu´era um grande mintiroso, prisso memo, ele falô que nóis tinha de duvidá de tudo e que nóis tem de dá um jeito de sempre´rumá uma proposta, uma contra-proposta e casquetá pra achá um resurtado dos dois contrário. Sabi do ditado: qu´uma andorinha só

num faiz verão? O discarado copiô e falô: qu´os proletário do mundo tinha de se uni, de veiz queles num tinha nada pra perdê, demenos a liberdade, se dé de prendê! Foi ele, visionário, intão que previu essa tár da grobalização e anssim divinhô que a tár da luta de crassi mar começô.

– Concordo com quase tudo, Moço. Aqui na roça é que nós garantimos a comida da população e lá na cidade falta espaço para o povo morar. A máquina ajuda de um lado e atrapalha de outro, pois tira o trabalhador do emprego e não se sabe no que isso vai dar. Vá em frente com sua cantilena.

Freud Explica?

– Brigado, mái, quá Dona, a nossa turmenta num parô nisso não. Iscut´essa qu´ôvi dizê, que o tár do Sigesmundo Fróide issprica tudo. Ele, lá na Viena na bêra do Danúbio qu´indera Azur, vê se pódi, ficava fumano charuto, sentado de costa e mandava o paciente ficá iscarrapichado no divão e podia sortá o verbo. Falava o que feiz, o que num feiz, o que tinha vontade, os sonho, os desejo, os capricho, as frustração, os medo, a corage que tinha preso por dentro de sí. Hiii, nisso iscutô cad´uma, calado e dava poco tempo de cada veiz, pro fregueiz viciá e vortá. Nálisava tudo e viu que tem coisa que a gente sabe de nóis memo, o cunciênte, otras que é ocurto de nóis, o incunciente. Cad´um, visto anssim, tem um pobrema, que prele tudo tem néquisso carcado nas cabeça e fincado no séquisso, que recarca quem num é bem resorvido cu´ele. Tipo machão e muié mandona tava ferrado cu´ele e cada um tem de s´incontrá cunsigo memo. Achá o seu caminho, mái se num sabe nonde qu´é chegá, quarqué um serve! Nisso

deu na busca da vida fácir e longa, qu´os ômi buscaro, todavida achá, a tár da "Pedra Filosofar", pra transformá chumbo em oro; e, a "Fonte da Juventude", pro veiáco bebê nela e num ficá véio. É o caminho daquela perdição.

– Concordo com tudo. Siga com sua filosofia materialista.

– Lá vai intão. Guenta firme. Minha nossa Dona, a coisa tá ficano feia e misturaro tudo; o séquisso liberô gerar e a palavra d´orde é o consumo, queas propagana faiz de cada um de nóis o qu´é memo de fato o que nóis somo. Um verdadero imbecir.

– Certíssimo. Diga mais.

– Vô sortá o verbo. Tudo mundo só pensa em s´imbelezá por fora, num importa se por dentro é pão bolorento. Dito e feito, cu´isso a matéria dominô a mente de veiz e pra se murtiplicá vortamô pra traiz. Ninguém creditava na farsidade d´invitá fio na base da camisinha, se tem tanto discamisado. Agora inventaro a tár da siminação artificiar. Oi só a malandrage, primero cumeçaro nas vaca. Eles tira isperma do boi inganano ele pra trepá numa vaca mecânica; sinão eles dá um choque no rabo do coitado do bicho, quinté chora e sorta quase um copo de leite na verga. Dilui e passa a vendê as dosi de sême, que o vaquero c´oa mão toca na vurva da vaca. Magina, que dum só toro de raça nelore resurtô mái de cem mir bezerro. Se nóis semo 220 milhão de pessoa e temo iguár quantia de gado, bastava mir boi pra inchertá a vacada e iguár quantia de ômi. Ia sobrá macho pra tanta muié, que num senti mái farta de ômi. Anssim tá seno c´oas éguas, as cabra e as ovêia. Deu resurtado e veja só o pecado que fizerô c´ô teste, c´ôs tisticolo dos ômi. Eles se masturba e os dotor proveita o isperma pra punhá nos óvuro das muié, no vidro no ospitar. Deu de cruzá de danado de bão, de jeito de podê passá pra barriga da dona do ovo

ô dotra muié quarqué. "Barriga de aluguer". Vê se podi esse mercado. Ortrora, séquisso era só pra fazê fio, agora é solitário e faz fio sem séquisso. Logo num vai mái tê fio da puta pra podê curpá, nem na discarcá na mãe de juiz no jogo de futebor.

Num fôsse isso a vida já tava sendo murtipricada sem séquisso nas pranta, c´ôs incherto de ramo duma no pé d´otra; logo fizerô a cronage de calípio e dum pedacico dele faiz um montão. Dito e feito a praga passô pros animar. Uma ôveia sem cruzá deu cria vinda duma cérura d´otra ôveia. Passô pras vaca, pras égua e só num dá na mula resurtado estérir de cavalar cum asno. Agora tão fazeno dente nascê de novo nos véio; d´uma oreia faiz um rato; e já se feiz a cronage de parte de gente. É um nascê do nada, um iguarzinho o outro, q´ísso já tá perto de cuntecê. Num tem pai, nem mãe e muito demenos Deuz. Num dá nem pra dizê que bicho vai dá isso. É só isperá que logo nóis vai podê oiá nas vitrine e comprá a cara do fio que desejá. Mái sem sabê a cabeça qu´ele vai tê!

– Pura verdade. Até me arrepia.

Prossiga, Moço.

Pedra da Juventude

– Iscuta essa intão. Daí qu´o mió izempro de quem é que manda na gente, se a mente ô o corpo tá dado. Os ômi num conseguia dominá as cabeça, nem levantá a morar dos véio, mái já podi. É que finarmente os ômi tá liberado da mente, sarvô as arma, c´ôs resurtado da sabedoria cumulada na midicina, c´oa discoberta da "Pedra da Juventude". Mistura da "pedra filosofar" c´oa "fonte da juventude". O sonho dos arquimistas c´ô tar Ponci de Lião finarmente

deu resurtado. Que nada de transformá chumbo em ouro o segredo do milagre vale mái que metar nobre se a ferramenta mole fica no ponto de bala quiném ferro. Mái num foi c´ôaqu´ela fonte d´água benta que virava gente veia em mínino nada Dona. Té quim fim, os ômi ganhô a parada da mente e num tem mái discurpa pro corpo num satisfazê as muié. É tiro e queda, tomô levantô o bicho dos ômi cabisbacho, que fica logo c´as cabeça erguida.

Intão, pressas maravia de "pedra azur", qu´é mái preciosa qu´a safira ou água marinha, que pruns é mió qu´oro na mão, se o time dos veio tá jogano no juvenir. Nessa disputa as minha pedra milagrosa num faiz frente. Nesse causo é mió ficá c´oas pedra de reserva ô infiá elas no saco e cantá n´otro lugá.

Inda bem, que tem gente de boa fé e nosso reino foi feito em cima duma pedra!

– Dá o que pensar na nova alquimia nessa mistura de minerais no estado sólido e líquido com a sublimação do corpo e a mente no legítimo milagre mostrando que água mole em pedra dura tanto bate até que fura. Nunca tinha visto nada igual a sua explicação para a "Pedra da Juventude". Você deveria ser marqueteiro dessa pedra que pelo visto faz mais milagre que as suas bentas. Faz nexo o sexo fixado no membro não na mente. Sempre é tempo de rever conceitos.

– Óia bem, Dona, podi confiá nas pedra, cum fé, é tár e quár um santo milagre, qu´elas resórve tudo. Vale contra quebrante e cura incrusivi mar oiado. Doença ruim, o tár do câncer, se no cumeço, custuma dá bão resurtado, e o tumô seca, num prossegui. Se grandi é mái dificir e tem causo de milagre no duro, é de cura totar. Infarto, Deuzolivre, num dianta querê remediá cum pedra. Tem de mudá de vida, que a curpa tá na cara cheia, de tanto comê tranquera, num tê tempo d´ispriguiçá e andá c´ôs

borso da carça vazio ô istufado. Tanto faiz, se a bufunfa vira a cabeça dos vivo duma tár manêra, que vorta numa baita pontada no coração quinté mata se discuidá, seja coração bão ô de pedra. Daí c´oas minha miúda num vale mái nada, de bacho da pedra finar!

Otra coisa, Dona, que num dívia nem cumentá, é que se um dia pricizá dum fitiço ô catiça, num posso prová, tudo mundo fala que pra fazê mar protro, pedra é tiro e queda.

Afinar, só peço pra Dona, um favor, num vá jogá minhas pedra notro, quiném argum lugá inda custuma fazê, tár servageria, inté na muié que bota chifre n´ômi, sem pudê retrucá, nem devorvê a mardade, que tá na cabeça da gente não no vão das perna, iguár a morar do pessoar. Se a vergonha é num tê iguardade dos direito umano, dos ômi e das muié, se nóis nasci pelado um iguarzinho o outro, se num contá o dinhero, que gerarmente arguém tomô d'otro, pro fio dum durmi num berço d´oro e de pobri num girar quarqué.

Óia bem pr´eu, Dona, tamém pricizo sarvá minh´arma, podi creditá nas pedra, qu´elas é quiném rezá e tomá cardo de galinha. Pedra, se num faiz bem, mar num faiz!

Então, a senhora ladina, mas como se magnetizada pelas pedras do matuto sedutor – um tipo galã de filme de aventura, de meia altura e idade, cabelos lisos grisalhos, barba feita no rosto de pele queimada, com camisa aberta no peito de porte atlético, bota e chapéu de explorador, com mãos finas, voz mansa e olhar vivo de brilho hipnótico – falou:

– Se ele não está, você pode vender para mim essas pedras, também ando meio perrengue, quando caminho muito na fazenda, na cama sozinha sinto o corpo todo dolorido. O senhor chegou a boa hora, caiu do Céu, deve ser mesmo coisa de Deus.

E o malandro respondeu:

– Ora, Dona, num posso intregá prum, o qu´eu já prometi potro. Mái quem sábi, tarveiz foi o nosso Pai do Céu, que me feiz vortá pressas banda, donde abunda tanta terra vermeia, da boa iguarzinha lá de Pircicaba, tão rapidinho. Eu cunfesso quiném ia passá por cá, um treco isquizito me puchava por mór de vortá logo, que parece inté arguma coisa do distino, que me chamava. Num sei nem issprícá direito tár motivo da tentação.

A dona da casa não convencida não titubeou:

– Senta aí na varanda, que vou à casa da vizinha, minha comadre, ver se ela sabe deste tal sr. Pedro.

A mulher deu nos pés e voltou em seguida, animada com a amiga, outra senhora fina. Ofereceram-lhe comida, perguntando se não teria mais pedras.

– Mái pedra, Dona?! Óh se tenho, mái argumas. É incumenda firme, protro fregueiz de cardeneta da bêra da istrada, e são mái cara, de veiz que mái bitela dessas, e cum podê de marca maió. Tô certo que num vai gostá, danssim é bão dá nos pé e já vô indo garrá andá e caminhá. A vida tem disso memo e decho um cunseio de pedra de graça: cum granéte de pedra no sapato, num dianta querê caminhá sem tirá; e, s´uma pedrona tivé no meio do caminho vitá batê de frente, que sempre é mió rodiá!

As senhoras cochicharam e pediram, por favor, que cedesse a elas as tais pedras. No final, no conto das pedras, o milagreiro, qual em conto do vigário, falou:

– Dona, que Deuz lá do arto num me castigue, poi, sô cristão de coração bão e num posso negá de atendê seus cramô, quinté cunfesso, achei umas dona batuta e d´otra veiz que passá por cá, s'incontrá o nhô Pedro e tivé cumendas, eu trago argumas prele. Mái, peço simprismente que se ele vortá e preguntá pelas pedra, a patrôa da casa dê

prele nem que seja um copo d'água milagrosa, que nem benta, guardada na muringa cuma pedra dentro. Ricumendo que as dona, de veiz em quano, lavi muito bem as pedra preta, cum água limpa, sem sabão e só cum sar grosso, daquele de dá pro gado, pra limpá os fruído negativo. Dispois, quano o sór tivé a pino, bem quente, dechá issposto aos raio de luiz naturar[11]*, pra recebê e cumulá bastante inergia vinda lá do Céu.*

O sorriso da Gioconda

O artista jantou farto na cozinha de fogão de lenha. Tudo de bom da roça. Provou as compotas. Tomou mais café, guardou bem o dinheiro amarrado no lenço, e, feliz da vida, quis cair na estrada.

Porém, já era tarde e a Dona da casa, satisfeita com a sorte, ofereceu hospedagem ao ilustre desconhecido. Meio sem graça, o forasteiro sentiu que o convite era do coração e o tempo não estava de arriscar seguir viagem. Ganhou a suíte de visita. Mal se alojou, logo começou a solar a viola, para deleite de todos. Foi um sarau danado, até a sóbria senhoria se assanhou surpreendendo ao recitar clássicos versos românticos e entrou até na dança da catira.

Na hora de cair no sono, o menestrel perguntou à Dona como fazer o escalda-pés, após o banho, pois não conseguia dormir sem ele. Ela, de pronto, qual uma Julieta, correu e arrumou a bacia com água salgada. Ele, tal o Romeu,

11. N.A.: A superfície preta, diferente do quartzo transparente, que também não cura nada, ausente nesta rocha, quando exposta ao sol, esquenta mais que as claras e conserva melhor o calor.

ofereceu as pedras, como se fossem flores.

No dia seguinte, bem depois de o galo cantar, refestelados, acordaram agarradinhos um ao outro, no leito com travesseiros de penas de ganso, mal cobertos pelo lençol de linho fino, em ambiente escandalosamente perfumado. Ele partiu, após o lauto café servido na cama, meio à sorrelfa. Na despedida, além do beijo demorado ganhou um pote de mel para jamais esquecer o sabor do amor verdadeiro. Estava feito e refeito, mas teve de parar logo adiante para pegar, em novo leito, bastante pedra para poder seguir como um cometa na nova missão, que exerceu com galhardia: cantar de peito aberto e vender a ilusão das pedras de Pirapora!

A Fazenda Santo Antonio, a partir de então, aboliu o costume da missa dominical na igrejinha colonial da sede. O padroeiro saiu de cena. Sumiu do altar barroco da alcova e da capelinha do terreiro de café, onde começou a reinar São Benedito.

A matriarca largou de vez o luto, com cabelo solto até a altura dos seios firmes mostrando ombros largos e o corpo atlético da ativa vida rural. Tirou as joias do cofre no qual guardou, como se fosso o do coração, as pedras milagrosas. Posto que de pronto identificara as pedras ordinárias colhidas pelo irresistível sedutor no seu próprio leito. Retornou aos bons tempos de infância quando passava as férias na fazenda do bisavô e adorava nadar nua na piscina natural ao pé da cachoeira e correr descalça no riacho coberto de pedras iguais àquelas nas quais no descanso passava o tempo sentada brincando de rolar os pés nos seixinhos, cuja alma por causa deles rejuvenesceu. O sorriso voltou enigmático, de canto da boca, sem jamais a feliz fazendeira de costina tirar os olhos da janela, à espera do seu cantor que de quando em quando pernoitava na fazenda que mudou o clima até na florada mais exuberante do café.

Nem sei se o caipira da música, linda, que Elis Regina consagrou, de Renato Teixeira, tem algo com isso, talvez só a viola. Tampouco é sabido se veio do meu amigo, a tradição e uso das pedras para esta finalidade e tantas outras que o mercado de consumo inventa e vira moda. De forma eficiente o negócio passa a fazer dinheiro, tanto aqui como no exterior. Mas, em caso de doença, o melhor caminho é o médico, principalmente se for caso de pedra renal, biliar, vesicular ou de indivíduo louco de jogar pedra, pois as pedras naturais não curam o corpo, exceto a mente de quem precisa de um placebo. Quando estão em forma de cristais, são belas em si mesmas, com simetria, proporção e cor, que agradam à vista, por isso servem mesmo é de adorno.

O fato é que o comércio de pedras, com finalidade de cura, que se tornam pedras de estimação ou *pet-stones*, é grande e cresce a cada imaginação fértil, maior que a de meu amigo, que, ao menos, se não curou gente, com seu placebo, fez a alegria e felicidade de tantos pela música, amolecendo alguns corações, estes sim, em geral duros, como se feitos de pedra.

* Este texto, uma obra de ficção que pode ter eventual semelhança com a realidade, aqui ampliado, faz parte do livro "Uso Legal das Pedras Preciosas" – Fiúza Editores: 2002 – SP. E-mail: everaldogoncalves@uol.com.br

Glossário de palavras e termos usados na linguagem caipira ou caipirês no texto A Pedra Milagrosa

achô achou
afinar afinal
adevogado advogado

aldravia batedor de porta

amarrá amarrar

andá andar

aner anel

animar animal (ais)

anir anil

antropoidi antropoide

apresentô apareceu, surgiu, passou

arco álcool

arforji bolsa, sacola, capanga

argumas algumas

arguns alguns

Aristótele Aristóteles (384-322 a.C.), filósofo grego pós-socrático, grande mestre da filosofia que deu origem a máxima: "magister dixet", o mestre falou. Discípulo de Platão (427-347 a.C.), fundou o Liceu que discordava da Academia do professor com dois mundos, o concreto e o abstrato, para o da realidade, entre outros itens, pela experiência, a existência e a lógica.

arma alma

arrazô arrasou

arrumaro arrumaram

arterada alterada

arti artes

articulá articular

arto alto, da alturas

arvéolo alvéolo, célula

árvre árvores

avis aves

azur azul

bácaxi abacaxi

bachá abaixar

bacho baixo

bago testículos, grãos
bagunçô tudo bagunçou tudo, revirou as ideias, redefiniu as coisas
banda lado
bão bom
bão dá nos pé bom dar nos pés, ir andando, ir embora
bão memo bom mesmo
Barriga de aluguer barriga de aluguel, útero emprestado ou de terceiro
basto bastou, foi suficiente
batê bater
bebê beber
bedecê obedecer
bêja-as-frôr beija-flor
bejo beijo
Belzonte Belo Horizonte
bem resorvido bem resolvido, sem problemas, sem complexo, sem culpa
bençoá abençoar
bençoô abençoou
bêra beira
bêra da istrada beira da estrada, na margem da estrada
Beraba Uberaba
Berlândia Uberlândia
Bíbria Bíblia
bicu bicos
bilí negra bílis negra, doença do fígado
bissurdo todora pareci absurdo a toda hora aparece
borsa bolsa
borso bolso
botá botar
botô botou

brecha uma abertura
breganha troca
brío no zóio brilho nos olho, orgulho
brunquiti bronquite
bufufa dinheiro, grana
burguêis burguês ou burguesia é a classe que detém os meios de produção no sistema capitalista
busado abusado
buscaro buscaram, procuraram
cartera de trabáio carteira de trabalho, registro que governa as relações do contrato de trabalho segundo as leis gerais trabalhistas.
c´ô com o
c´oas com as
c´ôs borso da carça vazio ô istufado com os bolsos da calça vazios ou estufados
c´um rolano c´otro tamém com um rolando com o outro também
cabá acabar
caba acabam
cabicera cabeceira
cabisbacho cabisbaixo, de cabeça baixa
cabô acabou
cabocro caboclo
caganera caganeira, curso, diarreia
caiçara morador do litoral que vive da pesca
caipira aquele que corta mato
calípio eucalipto
caminhá caminhar
camisinha camisa de Vênus, preservativo, método anticoncepcional
captamo a mensage captamos a mensagem, entendemos a mensagem

capitar capital, dinheiro, capitalismo

Cara-de-pau pessoa sem caráter, intrometido

cara rosto, face

carçada calçadas

carcanhá calcanhar

carcário calcário

carda calda

Carlo Darvi Charles Darwin (1809-1882) naturalista inglês, que descobriu a evolução das espécies (vide outras referências)

Carlo Marquê Karl Marx (1813-1883) filósofo alemão que desenvolveu a filosofia materialista e fez a crítica do capitalismo que resultou no sistema de produção controlado pelo Estado ou no dito comunismo, com a Revolução Russa de 1917 e as demais fracassadas (vide outras referências)

carnerinho carneirinho

carola beata, religiosa, rezadeira

casar casal

cascão dos pés crostas dos pés

casquetá pensar, meditar, procurar, estudar

castidadi castidade

causo caso, situação, história, conto

cérura célula

chegá chegar

chego chegou

chicra xícara

chicréte chicletes

chupá chupar

cidadi cidade(s)

co´ela com ela

co'aquela com aquela

co'as com as

cocêra coceira
coisa boa coisas boas
coisa situação, objeto
colocá colocar
comê tranquera comer tranqueira, comer porcaria, comer sem qualidade, comer qualquer alimento
começô começou
companhá acompanhar
compará comparar
comparano comparando
comparô comparou
comprá comprar, encomendar, pedir
contá contar
contano contando
contra-proposta antítese
copiô copiou
copulá copular
corage coragem
côro couro ou também pessoa sem apetite sexual ou impotente, que não dá do couro
Corrido-pra-bacho corrido para baixo, descido, redundância frequente na linguagem caipira tal qual quando diz que vai subir-para-cima e descer-para-baixo
cóva cova, sepultura
cortá cortar
cramô clamores, pedidos
crassi classe
credita acredita
creditá acreditar
creditava acreditava
cremá cremar
cristar do zóio cristal do olho

cronage clonagem, reprodução de clone
Cruiz-credo cruz credo! para espanto
cruzá cruzar, fertilizar, copular, engravidar
cu´isso com isso
çucar açúcar
cuidá cuidar
cúlista oculista, oftalmologista
cum com um
cum zóio no zóio com olho no olho, frontal, de frente
Cuma com uma
cumbatê combater
cumeçarô começaram
cumeço começo
cumeçô começou
cumeço cunversa falô começo de conversa falou, início de assunto
cumendas encomenda(s), pedido
cumida comidas, alimentos
cumprasse comprasse
cumpretá completar
cumpricado complicado
cumpricô complicou
cumpridano encompridando
cumulá acumular
cumunhão niversar comunhão universal, casamento
cunciênte consciente
cunfesso confesso
cunsigu consegui
cuntaminada contaminada
cuntecê acontecer
curá curar
curpa culpa
curpa culpar

curupira figura do folclore, um menino de cabelo vermelho e pés revirados, para enganar o rastro deixado no caminho e o protetor da floresta

d´isprìguiçá de se espreguiçar, descansar, esticar o corpo

dá dar

dá-de-rolá dar de rolar

dá rolo dar confusão

Dalai Lama (1935-) líder espiritual, monge budista do Tibete

dano dando

Danssim de assim, desta maneira

Danúbio qu´indera Azur Danúbio Azul

daptano adaptando

de cá daqui

decha deixa

decha deixam

dechá deixar

dechô deixou

decho um cunseio deixo um conselho

decifro decifrou

defendê defender

deito deitou

demenos de menos, exceto, além

démo demos, começamos

Demóstene Demóstenes grande orador grego, que era gago, e com treino de falar com algumas pedrinhas na boca e de correr ao lado do mar falando mais alto que o som das ondas virou um grande orador

derô deram

dero deram, começaram

desabano desabando, fora de lugar

desagarra desgarra, solta

desiguar desigual
Deuz Deus
Deuzolivre Deus nos livre, que nunca ocorra, que não venha
devi deve
devorvê devolver
dianta adianta
difunto defuntos, mortos, cadáveres
dilimita delimita
dinhero dinheiro
dirrubada derrubada, caída(s)
disaparicê desaparecer
discamisado descamisado, sem camisa, pobre, despossuído, proletário.
discarado descarado, sem-vergonha, abusado
discubrino descobrindo
discurpe desculpe
disgramado desgramado, danado, desgraçado, malvado, malandro, sem-vergonha, esperto
dispoi depois
distino destino
diversificá diversificar
dividino dividindo
divinhô adivinhou, descobriu, definiu
divurgado divulgado
dizê dizer
dominá dominar
dominano dominando
Dona senhora
dos zóio dos olhos
dosi de sême dose de sêmen
dotor doutor
dotro do outro

doutra de outra
ducumento documento
duença ruim doença ruim, câncer, peste, praga
dum de um
durmi dormir
durmi num berço d´oro dormir num berço de ouro
duvidá duvidar
É pá, buf! É tiro e queda!
escuma espuma
esmerarda esmeralda – variedade na cor verde do mineral berilo
facha faixa
falô em grego falou em grego, falou o incompreensível, falou o que as pessoas não entendem
falô falou
famia família(s)
farsidade d´invitá fio falsidade de evitar filho
fazê fazer
fazeno fazendo
Fernão Dias Paes Leme (1608-1681) bandeirante paulista conhecido como o Caçador de Esmeraldas
ferrô ferrou, copulou, deu mal, errou
fertirizá fertilizar
fetiche poder de sedução das mercadorias que encanta as pessoas de tal maneira que compram por comprar e ter, sem necessidade, caindo no consumismo
ficá ficar
Ficano ficando
fico ficaram
ficô ficou
figo fígado
finar final
finar da linha final da linha, final da evolução

finarmente finalmente

fincada enfiada enterrada no chão, plantada

fincado no séquisso assentado no sexo, baseado no sexo

fio filho

firramenta ferramentas

firvído fervido

fitiço feitiço ou fetiche, poder sobrenatural que os muitos negros admitiam que poderiam fazer para interferir com as pessoas ou seu rumo na vida; Marx em sua filosofia materialista tirou a alma do ser humano e colocou na mercadoria, que possui um fetiche, um poder sobrenatural, que domina a mente das pessoas e as leva às compras, inclusive de coisas que nem precisam para viver

fitiço ô catiça o mesmo que *fitiço* ou feitiço ou *catiça*, feitiço ou mau-olhado, praga, serviço de macumba

fô for

fôia folha, novo em folha

Fonte da Juventude Fonte da Juventude, água milagrosa com poderes de manter ou fazer voltar a pessoa que a encontre e a beba à juventude. Juan Ponce de Leão (1472-1521) espanhol que ficou conhecido na Idade Média como um dos que a procuraram, em vão, na América do Norte, na atual Flórida

forçá forçar

formá formar

fortalecê fortalecer

fóssir fóssil

frasi frase

freguêiz de cardenata freguês de caderneta, freguês que compra fiado, a prazo, anotado numa caderneta

freguêiz ficá iscarrapichado no divão paciente ficar espreguiçado no divã

freuma de ingrêis fleuma de inglês

friera frieiras
fumano fumando
furnicava transava, mantinha relação sexual, praticava o coito
gáio galhos
Galileo Galileu Galilei (1564-1642) cientista italiano inventor do telescópio que pela observação dos astros corroborou a tese do heliocentrismo de outro cientista, Nicolau Copérnico (1473-1543) que o sol era o centro do Universo, não a Terra que Claudio Ptolomeu (90-168) dizia que o sistema dos astros era geocêntrico
ganhá ganhar
Gazi gaze
gerarmente arguém tomô d'otro que geralmente alguém tomou de outro ou tirou de alguém
girano girando
gostá gostar
granéte granete, grãozinho
gravideiz gravidez
grobalização globalização
guar a morar do pessoar igual à moral do pessoal
guardade dos direito umano igualdade dos direitos humanos
guarmente igualmente
guéla garganta
guenta o finar do tempo aguenta o final do tempo, dá conta de um ato sexual completo
guentaro aguentaram
guérra guelra
iguarzinha igualzinha
iguarzinho igualzinho, similar
idadi idade
imperiar imperial

impinado empinado
inchertá enxertar, emprenhar, engravidar
incherto enxerto
incrusivi inclusive
incumpridô encompridou
incunciênte inconsciente
incurtô encurtou
inda ainda
indireita endireita(m)
indivído indivíduo
indotro co´o falo ainda outro com o falo, outra relação sexual com o pênis
infisema enfisema
inganano enganando
Ingraterra Inglaterra
ingrêis inglês
inté até
intregá entregar
intretano entretanto
inventarô inventaram
invitá evitar
ir pro beleléu morreu, faleceu
iscarda pé escalda-pés
isconde esconde(r)
iscondido escondido
iscorreno escorrendo
iscravo escravo
iscreveu escreveu
iscuitá escutar
iscutô falá escutou falar
isfola esfola
isfregá esfregar
isfriava esfriava

ispáia espalha, divulga

ispaiô espalhou

ispanta espanta, leva embora

ispera espera

Isperá esperar

isperma esperma, sêmen

isperma sêmen

Iráclito Heráclito de Efeso (540-470, a.C.) filósofo grego pré-socrático, Pai da Dialética, que disse que tudo muda e deu os princípios da dialética materialista. É dele o aforismo: o homem depois que atravessa o rio, ambos não são mais o mesmo!

ispinha espinha

ispinhela caída dor no peito ou na boca-do-estômago, na cartilagem do peito, em geral devido a gases, tensão que provoca rigidez muscular e dor; que os crédulos costumam benzer para curar a dor que sendo passageira e também psicológica acham que dá bom resultado

ispontânia espontânea

isprito de porco espírito-de-porco, maldoso

isprito santo Espírito Santo

isquenta esquenta

isquileto esqueleto

issposto exposto

issprìcá explicar

issprica tudo explica tudo

istongo estômago

istudá estudar

istudo estudos

istufada estufada, cheia

izempro exemplo

izistí existir

já vô indo garrá andá e caminhá já vou indo agarrar andar e caminhar, sair logo, ir embora logo, sair de imediato

jabotí jaboti
joanete joanetes
jornar jornal
judá ajudar
judô ajudou
jueiá ajoelhar
juntano juntando
jurá jurar
labanca alavanca
largô alargou
lavá lavar
lavi lave, limpe.
lavô as arma lavou as almas, salvou, desforrou, salvou a honra
lê ler
legar legal, bom, adequado, suficiente.
legria alegria
lejão aleijão
lemão alemão
lembrá lembrar
levá levar
levano levando
levantá levantar
levantô levantou
ligá ligar, relacionar
ligítimo legítimo
Limera Limeira, cidade do interior paulista
limína elimina(m)
limpá limpar
litorar litoral
livia aliviam

Lobisômi e vampiro lobisomem, figura do folclore: um homem que se transforma em um animal semelhante a um cachorro peludo e atacaria as pessoas; *vampiro* figura imortal, que só aparece a noite e viveria de sugar o sangue da jugular das pessoas

lugá lugar

luiz naturar luz natural

lumbriga lombriga, verme necator americano

maginado imaginado, admitido

maginô imaginou

mái bitela mais grande, maior

mái mais *ou mas*

maió maior

malandrage malandragem, esperteza, maldade

mamá mamar, dar leite

mandá ne nóis mandar em nós

manifesto Manifesto Comunista é um livreto, síntese da luta de classe, escrito por Karl Marx (1818-1883) e Friedrich Engels (1820-1895) que foi publicado em 1848. É o resumo da filosofia materialista e as contradições da sociedade capitalista, na qual se contrapõem a classe dos proletários, que com a própria força de trabalho produzem as mercadorias que não lhes pertencem, mas sim aos que detêm os meios de produção, a classe da burguesia; no processo de produção o trabalho é remunerado sempre a menor, com uma diferença que é a denominada mais-valia ou novo capital as custas do trabalho alheio

mar mal, dor, mar

mar começô mal começou

mar cum mar mal com mal

mar de ovido dor de ouvido

marálito mal hálito

maravia maravilha

mardade maldade
mardito destanaturado maldito desalmado
mardito maldito, desgraçado, malvado, infeliz, perigoso
marmanjo adulto
martéio martelo
marvado malvado, danado
mascá mascar
meche mexer
mema mesma
memô lugá mesmo lugar
mêmo mesmo
merda fezes
merréis mil réis
micosi micoses
mídala amídalas
midicina medicina, ciência.
minguano minguando, diminuindo
minino meninos
mintira mentira
mintiroso mentiroso
mió melhor
mió rodiá! melhor rodear, contornar
miolo mole miolo, cérebro mole, doença de criança que não fecha o crânio
mióra melhora
miorá melhorar
miorô melhorou
mir mil
misturaro misturaram
moía molhar
moli mole, animais sem carapaça
montão monte, em quantidade

morar levantada moral levantada, pênis em ereção
morião morion variedade de quartzo dureza sete na cor escura de marrom a preto
morróida hemorroidas
mortar mortal
mudô mudou
muié compradera mulher compradeira, pessoa consumidora, consumista, que compra produtos supérfluos ou desnecessários
muié mulher
mula-sem-cabeça figura do folclore que apareceria nas estradas para assustar as pessoas e fazê-las perder o rumo
muquirana miserável, avarento, mão-de-vaca
muringa moringa, vasilha de barro para guardar água
murtiplicá multiplicar
murtiprica multiplica
murtipricano multiplicando
muvimentá movimentar
n'óra agá na hora h, na hora do orgasmo
n'ora de deitá na hora de deitar, dormir
nálisava tudo analisava tudo, comparava tudo
nasci nasce
naturar natural
naturar natural, seleção natural, processo de evolução das espécies baseado, entre outros, no princípio da sobrevivência dos mais aptos, dos genes dominantes e das mutações no sentido de melhorar as espécies
navaia navalha
néquisso carcado nas cabeça nexo calcado na cabeça, na mente
nergia energia
nergia vitar energia vital, energia que daria a vida aos seres vivos

nesse causo nesse caso, nessa situação
Nhô senhor
nigucim negocinho
ninhuma nenhuma
Niverso Universo
nobrece enobrece
nóis nós
nóis semo nós somos
nóis tamo nós estamos
num dianta não adianta
num farta não falta
num ficá veio não ficar velho
num não
o fio da meada o segredo, o começo da evolução
ô ou
o safado desarmado o malicioso desalmado, incrédulo, danado, maroto
ôce você
ôco oco
ocurto de nóis oculto de nós
ôji hoje, atualmente
ômi homem
Ora viva! Ôce poraqui. Ora viva! Você por aqui. Forma cordial de saudação
oreia orelha
Orcia um pelo outro, troca sem volta
organizá organizar
orgásmio orgasmo
oróscropo horóscopo
Ortrora outrora, no passado, antigamente
os fruído negativo fluídos negativos, energia negativa
ospitar hospital
ôsso osso

osovido os ouvidos
oszóio os olhos
ôtra outra
ôtras outras
ova ovas
ovêia ovelha
óvuro óvulo
palanquero palanqueiro, grande orador
palavra d´orde palavra de ordem
parece aparece, surge
parma palma
parô parou
parpebra pálpebra
passá passar
passô passou
patacoada lero-lero, piada, mentira
patrôa patroa, dona da casa
patuar patuá, talismã
pecá pecar, cometer pecado, praticar ato sexual sem finalidade reprodutiva, no conceito da moral cristã
pêche peixe
pedacico pedacinho, fragmento reprodutor de uma planta

"Pedra da Juventude" Pedra da Juventude, hipotética mistura de poderes que o autor faz entre a Pedra Filosofal e a Fonte da Juventude, representada nas consagradas pílulas afrodisíacas, no início na cor azul, que finalmente a ciência descobriu que ajuda a ereção dos homens e superou o tabu do complicado processo físico, químico e mental da ereção do pênis

"Pedra Filosofar" Pedra Filosofal, uma pedra ou uma fórmula mágica, que no período medieval alquimistas e aventureiros buscaram em vão, que teria poderes de

transformar chumbo em ouro

"pedra azur" pedra azul, afrodisíaco, estimulante sexual

"pedra azurzinha" pedra ou pílula afrodisíaca que aumenta a circulação peniana e provoca a ereção do pênis

pedrinha pedrinhas

pedrica pedrinha

pedrona pedra grande

péle lisô pele alisou

pêlo pelos

pensá pensar

pessoar pessoal

pica pênis, verga

Epicuro Epicuro filósofo grego materialista e célebre por defender o hedonismo e o prazer na vida

pinçá pinçar

pinchá longe jogar longe, atirar longe

pindurada pendurada

pinto pênis, vara, verga, membro, etc.

pió pior

piôiô piolho

piorá piorar

piorano piorando

Pirapora do Bão Jesuis Pirapora de Bom Jesus, cidade paulista na margem do rio Tietê conhecida pelo mosteiro e as romarias

Pircicaba Piracicaba

pita fuma

pitá fumar

pititi apetite

pô por

pobrema problema, trauma, complexo

pobri num girau quarqué pobre dormir num girau qualquer, num estrato de pau-roliço qualquer

pobri pobre
poc´importa s´ela pouco importa se ela
pôco pouco
podê poder
podê poder, sem efeito, sem qualidade
podi pode
poiá apoiar
poli pólen
pomi pedra-pomes
ponhá colocar
poorrta laarrga porta larga
por mór por motivo, por causa
porcariada porcariadas, entulhos
pôrra sêmen, esperma
portunidade oportunidade, chance
prá para
pracá para cá
praneta planeta
pranta planta, árvore
prantá plantar
prantação plantações
prarcançá para alcançar
pratanto para tanto
preguntá perguntar
preibói playboy jovem boa vida ou desligado da sociedade
prele para ele
presentado apresentado, aparecido, surgido
preu para eu, para mim
preza presa, amarrada
priciza precisa
primero primeiro
principarmente principalmente

príncipi príncipe
pricizava precisava
prisso memo por isso mesmo
pro para o
propagana propaganda
proposta tese
prôs para os
prosôtro para os outros
protro para o outro
prová provar
proveitá aproveitar
provô provou
pucha-saco puxa-saco, bajuladore(s)
pulseira da sorte pulseira com doze pedras que se propala que dariam sorte aos usuários
puluição poluição
punhá por, colocar, introduzir
puntapé iniciar pontapé inicial, o início do universo em movimento
pura perdição! pecado religioso
puraqui por aqui
purmão pulmão
purso pulso
puzero puseram, colocaram
puxa cigarro de paia fumar cigarro de palha
q´ísso que isso
qu´a religião é o ópio do povo! A religião é o ópio do povo! Chiste ou aforismo consagrado por Marx e Engels no Manifesto Comunista usado no sentido de que a religião aliena as pessoas à semelhança dos usuários de droga que perdem a razão e ficam dependentes e sem opinião própria
qu´imporcáia que emporcalha, suja
qu´os que os

qu'é que é
qu'o crima que o clima
quadrir quadril
quarqué qualquer
qué quer
quela aquela
quelas aquelas
quentá esquentar
quesse que esse
quexo queixo
qui que
quilibrá equilibrar
quiném que nem, igual, como
quingrosso que engrossou *(os lábios)*
quinté quano tão que até quando estão
quinté que até
quinverte que inverte
quiria queria
quizé quiser
ramela remela, corrimento, secreção ocular
raspá raspar
recarca recalca, deixa complexo, traumatiza
recebê receber
recoída recolhida
recóie recolhe
redondô arredondou
removê remover
renegô renegou
repicá repicar
réptir réptil
resurta resulta
resurtado resultado, síntese
resurtô resultou

retardo retardado, deficiente mental
retrucá retrucar
revirá revirar
rezá rezar
riba cima
riceita receita
Richard Gere (1949-) ator de cinema
ricumendo recomendo, aconselho
rigistro de terra registro de terra, registro de escritura em cartório
riligiosa religiosa
rimédio remédio
Rio Craro Rio Claro, cidade do interior paulista
ripiá arrepiar
rizo sorriso, dá risada, risonho, fica alegre
ritinto retinto, muito negro
rodiá rodear, envolver
rôla pênis, vara, piroca, pinto, pau, cacete, verga
rolá rolar
rolano rolando
roncano papo roncando papo, contando vantagem
rôpa roupas
roquidão rouquidão
s´imbelezá por fora se embelezar por fora, embelezar nas aparências
s´incontrá cunsigo memo se encontrar consigo mesmo
s´ingana se engana
sabê saber
sabemô sabemos
sabi sabe
sacanage sacanagem, ato sexual, maldade, pecado religioso
saci-pererê figura do folclore; menino negro, de uma

perna só, com pito na boca e gorro vermelho que faria estripulias

saco de mardade saco de maldades, conjunto de propostas

sangui sangue

sar grosso sal grosso

sargada salgada

sarto salto, mutação

sartô saltou, pulou

sarvarô salvaram

saúdi saúde

sê ser

semprerrumá sempre arrumar

separô separou

séquisso liberô gerar sexo, o sexo liberou geral, sexo sem compromisso, sexo livre, sexo promíscuo

séquisso sexo

servageria selvageria

servi serve

si dé de prendê! se der de prender, no caso de haver repressão e prisão por crimes políticos ou de ideias

si num contá o dinhero se não contar o dinheiro, se não levar em conta o dinheiro

si por dentro é pão bolorento se por dentro é pão embolorado, no intimo a pessoa é outra, internamente a pessoa é outra

si se

Sigesmundo Fróide Sigmund Freud (1856-1939), médico austríaco fundador da psicanálise

simiante semelhante

siminação artificiar inseminação artificial

simprismente simplesmente

sinar da cruiz sinal da cruz, sinal religioso dos

cristãos católicos

sinar protro sinal para o outro

sinar sinal, marca característica

sipurtura sepulturas

sirviço serviço

sô sou

sobrenaturar sobrenatural

sobrô sobrou

Sócrate Sócrates (469-399 a.C.), filósofo grego do período clássico da filosofia que é dividida em pré-socráticos e pós-socráticos

solitária tênia, verme

sombração assombração, alma de outro mundo

Sór Sol

sór tivé a pino Sol estiver a pino, ao meio-dia

sorfetiá relação sexual, sorféte é o que os vaqueiros usam para se segurar em cima de cavalo ou do boi no rodeio e devido aos movimentos bruscos o caipira passou a chamar o ato sexual de sorfetiar, igual a pular na cama

sortá o verbo soltar o verbo, falar tudo, falar à vontade

sortá soltar

sorta solta(am)

sortava soltava

sorti sorte

sorto solto, largado

sozin sozinho

subí subir

sujera sujeira

supristição superstição

sustentá sustentar

sutião sutiã

t´odora toda hora

tá está

taiano italiano(s)
talismão talismã
tamém também
tamém pricizo sarvá minh´arma também preciso salvar minha alma
tano estando
tapá tapar
tár tal
tarco talco
tarvêiz talvez
tasco passe, aplique
tava estava
tava ferrado estava danado, estava perdido, estava mal
telescrópio telescópio
temperá c'água temperar com a água
tenção atenção
tentá tentar
terra vermeia terra vermelha
teta seios, peitos, mama
Tieter Tietê
tipo pessoa, candidato
tiquinho d´ora pouquinho de hora
tirô tirou
tisticolo testículos
tivé estiver
tivéro tiveram
tô estou
todavida toda a vida
tomá cardo de galinha tomar caldo de galinha, canja de galinha
trabaiá trabalhar
trabáio trabalho
trapaiá nóis nos atrapalhar

trapaiá atrapalhar
trapaiada atrapalhada
travessa atravessa
travissero travesseiro
trepá de frente manter relação sexual de frente
trepá trepar, montar, subir, fazer sexo
tretanto entretanto
trossero trouxeram
tudo todo
turmenta tormenta, dissabor
um treco isquizíto uma coisa esquisita, coisa estranha
usá usar
valenti valente
vaquero vaqueiro
vara pênis, verga
varegêra varejeira, tipo de mosca que põe ovos em carnes podres e feridas
varizi varizes
Vê si podi veja se pode, olhe bem
vegetar vegetais
veiáco velhaco, esperto, ladino
véio velho, idoso
veísse velhice
vêiz vez
venceno vencendo
vendê a si mema vender a si mesma, se prostituir
vendê vender
Verardo Everaldo
verdadero imbecir verdadeiro imbecil
verga pênis, pinto, vara
vermeião vermelhão
verva Acqua Velva
viaje viajem

virá virar

virô virou

vitá batê evita bater

vitrine vitrina(s)

vivê viver

vô vou

volução evolução das espécies na natureza, Teoria da Evolução de Charles Darwin (1809-1882) consagrada no livro: Origem das Espécies (1959) segundo a qual, no mesmo tempo que Alfred Russel Wallace (1823-1913), definiu que a vida tem a origem de um ancestral comum e, entre outros itens, eles evoluíram por transformações cujos indivíduos mais bem preparados têm mais chance de sobreviver e procriar

voluino evoluindo

vorta volta

vortá voltar

vortamô pra traiz voltamos ao passado, retrocedemos

vortamô voltamos

vortano voltando

vurcão vulcão

vurto vulto, imagem turva

zercício exercício

zóio olho

Everaldo Gonçalves
é geólogo e jornalista,
ex-professor da USP e da UFMG.

E-mail: everaldogoncalves@uol.com.br

Este livro foi produzido na primavera de 2022

www.ingramcontent.com/pod-product-compliance
Ingram Content Group UK Ltd.
Pitfield, Milton Keynes, MK11 3LW, UK
UKHW041845200726
13854UKWH00005BA/2182